Beck'sche Reihe

Denker

BsR 516

BsR

Der kritische Rationalismus Poppers will nicht primär Probleme der akademischen Philosophie traktieren; er sucht die Auseinandersetzung mit der empirischen Wissenschaft und greift reale Probleme des politisch-praktischen Lebens auf. Poppers Devise: Kritisches Philosophieren sollte eine Angelegenheit aller Bürger sein, weshalb er klar und verständlich schreibe und Scharfsinn über Tiefsinn stelle. Schäfer legt Poppers Philosophie umfassend und kritisch dar, bezieht die biographischen und zeitgeschichtlichen Daten ein und interpretiert den kritischen Rationalismus als Fortführung der Sokratik und Kantschen Aufklärung. Das wird besonders deutlich in Poppers Auseinandersetzung mit den Problemen der Zeit in Wissenschaft, Politik und Gesellschaft. Dabei werden die aktuellen Kontroversen nicht ausgespart.

Lothar Schäfer ist Professor für Philosophie an der Universität Hamburg mit Arbeitsschwerpunkt Wissenschaftstheorie, Erkenntnistheorie, Naturphilosophie. Veröffentlichungen u.a.: Kants Metaphysik der Natur (1966); Erfahrung und Konvention (1974).

Die Reihe „Denker" (siehe S. 189) wird herausgegeben von *Otfried Höffe,* Professor für Philosophie an der Universität Tübingen.

LOTHAR SCHÄFER

Karl R. Popper

VERLAG C. H. BECK

Mit 4 Abbildungen
(Archiv Karl Popper)

Für Sarah

Die Deutsche Bibliothek – CIP-Einheitsaufnahme

Schäfer, Lothar:
Karl R. Popper / Lothar Schäfer. – Orig.-Ausg., 3. Aufl. –
München : Beck, 1996.
(Beck'sche Reihe ; 516 : Große Denker)
ISBN 3 406 33215 3
NE: GT

Originalausgabe
ISBN 3 406 33215 3

Dritte Auflage. 1996
Umschlagentwurf: Uwe Göbel, München
Umschlagabbildung: Ingrid von Kruse, Wuppertal

Gesamtherstellung: C. H. Beck'sche Buchdruckerei, Nördlingen
Gedruckt auf säurefreiem, alterungsbeständigem Papier
(hergestellt aus chlorfrei gebleichtem Zellstoff)
Printed in Germany

Inhalt

Abkürzungen und Ausgaben der zitierten Werke Poppers

GE	*Die beiden Grundprobleme der Erkenntnistheorie* (hg. von T. E. Hanssen), Tübingen 1979.
LdF	*Logik der Forschung,* Wien 1934 (3. Aufl. Tübingen 1968).
C&R	*Conjectures and Refutations: The Growth of Scientific Knowledge,* London 1963 (2. Aufl. 1965).
EdH	*Das Elend des Historizismus,* Tübingen 1965 (4. Aufl. 1974).
OS	*Die offene Gesellschaft und ihre Feinde,* 2 Bde.: I *Der Zauber Platons,* II *Die falschen Propheten,* Bern 1957 (6. Aufl. 1980).
OE	*Objektive Erkenntnis: Ein evolutionärer Entwurf,* Hamburg 1973.
A	*Ausgangspunkte,* (deutsche Fassung der Autobiographie aus Schilpp [1974]), Hamburg 1979.
RC	„Reply to my Critics" in: P. Schilpp (Hg.); *The Philosophy of Karl Popper,* 2 Bde., La Salle, Illinois, 1974.
I&G	*Das Ich und sein Gehirn,* (mit J. Eccles) München, Zürich 1982.
PS	*Postscript to the Logic of Scientific Discovery* (hg. v. W. W. Bartley) 3 Bde.: I *Realism and the Aim of Science,* II *The Open Universe: An Argument for Indeterminism,* III *Quantum Theory and the Schism in Physics,* London 1983.
AdS	*Auf der Suche nach einer besseren Welt: Vorträge und Aufsätze aus dreißig Jahren,* München 1984.

Die Belegstellen der Zitate sind durch Angabe der Siglen und Seitenzahlen in den Text aufgenommen. Die Auflage, die ich jeweils benutzt habe, ist oben in Klammern angegeben. Soweit ich aus nicht übersetzten Schriften zitiere, stammen die Übersetzungen von mir.

„Es liegt in der Natur einer Hypothese, wenn man einmal mit einer schwanger geht, daß sie alles, was vorkommt, aufnimmt und in Nahrung verwandelt; und im allgemeinen wächst sie und wird vom Augenblick ihrer Empfängnis an durch alles, was man sieht, hört, liest oder denkt, immer kräftiger."

L. Sterne, Tristram Shandy

Vorwort

Die Philosophie von Karl Raimund Popper bedarf keiner Vorstellung oder Einführung, wie sie für die Initiation eines Fremden angebracht wäre; denn Popper ist seit vielen Jahren in unserem Diskussionsraum präsent, der über die philosophischen Fachgrenzen entschieden hinausreicht. Jedoch sind die Diskussionszusammenhänge, in denen Popper erscheint, zumeist polemisch besetzt, haben herausfordernden Charakter, laden ein zu positiver wie negativer Identifikation mit seinen Ideen. Je mehr diese Ideen unter dem Vorzeichen schon bestehender oder angestrebter Anhänger- und Gegnerschaft zirkulieren, nehmen sie die Form von Klischees, von Schlagworten, von Polarisatoren an.

Manche werden in einer solchen Situation verstärkt das Bedürfnis haben, sich umfassender kundig zu machen, einen Überblick zu gewinnen über die zentralen Schriften und Thesen und sie im Kontext gegenwärtiger Probleme verortet zu sehen. Für solche Leser habe ich geschrieben – die Fachphilosophen hoffe ich gleichwohl nicht zu langweilen.

Ich habe versucht, Poppers Ideen von seinen Hauptschriften her zu verdeutlichen. Ihnen folge ich in der Gliederung. Dem Ziel, die Grundlinien klar auszuziehen, habe ich durchwegs den Vorrang gegeben und deshalb viele interessante Fragestellungen, die mehr ins Einzelne führen würden, nicht verfolgt. Ich habe mich bemüht, auf Weiterführungen und Kritik zu verweisen, jedoch keine Auseinandersetzung mit der einschlägigen Literatur angestrebt.

Es wird dem Leser auffallen, daß ich einerseits Poppers Philosophie als eine Antwort auf die Umbruchsituation in Politik, Wissenschaft und Gesellschaft verstehe, andererseits die Entwicklung der Gedanken Poppers eher immanent aufzeige. Das sieht wie ein offener Widerspruch in der Konzeption aus. Es hat jedoch seinen Grund im behandelten Autor.

Popper datiert fast alle seine Einsichten, aus denen sich sein Philosophieren speist, in seine frühe Jugend (vgl. A 1–107). Es ist, als ob er sich in dieser Phase mit einem Vorrat an Problemstellungen vollgesogen hätte, die ihm für den Rest seines Lebens reichten. Sieht man von der Begegnung mit A. Tarski einmal ab – und auch die hat Popper nur bewogen, etwas explizit zu vertreten, was schon im Hintergrund sein Denken bestimmte –, so scheint kein späteres Ereignis, keine Begegnung ihn ernsthaft herausgefordert oder auf eine neue Spur gebracht zu haben. Trotz ständiger Kontakte behalten seine Auseinandersetzungen mit anderen Ansichten immer etwas Monologisches. Wo Rudolf Carnap immer bereit schien, einer neuen Idee und Einsicht mit der Ausarbeitung eines Neuentwurfs zu begegnen, findet sich für Popper der Anlaß, zu erklären, daß er eigentlich schon immer so gedacht habe – seit seinen Anfängen. Neben neuen Thesen hält Popper an den alten Slogans fest. Jeder neue Schritt erscheint als die Einholung einer früheren Einsicht – fast so, als ob es ihm um eine Bestätigung der Lehre Platos von der Wiedererinnerung ginge.

Das Herzstück von Poppers Philosophie bildet die Kritik; ohne wechselseitige Kritik gibt es für ihn weder wissenschaftliche Objektivität noch irgendwelchen Fortschritt. Deshalb verfolgt Popper auch eine ständige Auseinandersetzung mit der philosophischen Tradition wie mit den Zeitgenossen. Die innovativen Schritte gehen aus Kritik hervor. Während wir so Popper unentwegt mit dem kritischen Geschäft befaßt finden, ist es andererseits nicht leicht, Spuren der Kritik in seinem eigenen Denken auszumachen. Seine eigene Position bleibt von Kritik erstaunlich unberührt, so daß sich von dem Schrifttum her der Eindruck ergibt, die Hochschätzung der Kritik in seiner Philosophie werde nur noch übertroffen von seiner Fähigkeit, ihr zu widerstehen. Der programmatisch geforderten Offenheit steht eine Hermetik des Denkens gegenüber, das sich ständig auf die Ausgangsideen rückprojiziert.

So erzeugt sich die eindrucksvolle Kontinuität im Denken Poppers – und so läßt sich die hier gewählte Darstellungsart verstehen.

Gegenüber mir bekannten Darstellungen der Philosophie Poppers rückt die gegenwärtige einen neuen Gesichtspunkt ins Zentrum: die stark neokantianisch geprägte Bestimmung der philosophischen Position, die Popper gegenüber dem „Wiener Kreis“ einnimmt und die für sein Arbeiten leitend bleibt. Poppers allgemeine Kant-Nähe, insbesondere in der praktischen Philosophie, ist häufig genug bemerkt worden – vor allem von Popper selbst. Jedoch scheint mir, daß sich Poppers philosophisches Selbstverständnis, wie es uns in der „Logik der Forschung“ entgegentritt, besser und angemessener verstehen läßt, wenn wir die spezifisch neukantianische Lesart von Kant in Anschlag bringen, die in Poppers erst 1979 veröffentlichter Erstlingsschrift (GE) so offensichtlich am Werke ist.

Die Arbeit wurde zum großen Teil während eines Forschungsaufenthalts am Center for Philosophy of Science der University of Pittsburgh niedergeschrieben; der Institution und ihrem Direktor, Nicholas Rescher, sage ich meinen Dank. Gerd Graßhoff und Kathrin Kaiser haben Teile des Manuskripts gelesen und wertvolle Hinweise gegeben. Lutz Danneberg hat aus seiner reichen Datei für die Zusammenstellung der Literatur geschöpft. Thomas Spitzley hat mir bei der Korrektur geholfen. Frau I. Westphal und Frau U. Respa danke ich für die Sorgfalt beim Schreiben. Schließlich haben der Herausgeber und der Verleger der Reihe mich zeitlich nicht an die kurze Kette gelegt und für manche Verzögerung Verständnis gezeigt. Ihnen danke ich herzlich.

Lothar Schäfer

I. Biographischer und zeitgeschichtlicher Hintergrund

1. Allgemeine Kennzeichnung der Ausgangslage

Die beiden ersten Jahrzehnte unseres Jahrhunderts sind durch gewaltige Umbrüche in Politik, in Wissenschaft, in den europäischen Gesellschaften geprägt. Wissenschaft und Technologie zeigen sich in ihrem Einfluß auf die Lebensverhältnisse. Die Steigerung der industriellen Produktion führt zur Ausbreitung der ökonomischen Verflechtung über den gesamten Globus und zu gesteigerter Konkurrenz um Rohstofflager und Absatzmärkte. Der „Geist des Maschinenzeitalters" vertreibt alte Wertordnungen; soziale Gruppen, die über viele Jahrhunderte hinweg das Leben geprägt hatten, verlieren ihre dominante Stellung. In den Industrien konzentrieren sich Wirtschaftspotentiale, die zur Verschiebung der Ziele nationalstaatlicher Politik führen, auch selbst aktiven Einfluß auf das politische Geschehen nehmen.

Der erste Weltkrieg ist einerseits Ausdruck und Effekt dieser Veränderungen, andererseits führt er noch dramatischere in seinem Gefolge herauf. Der Ausbruch des Krieges markiert den Umschlag der nationalstaatlichen Euphorie in den Barbarismus der Kriegsbegeisterung und seiner zerstörerischen Schlachten: ein Massenkrieg nie dagewesenen Einsatzes an Menschen und Material, in dem sich die Reserven der europäischen Nationen vernichten. Das Ende des Krieges hinterläßt eine Welt des Hungers, der Verstümmelten, der Verelendeten. Staaten werden zerteilt, neue Grenzen definiert. Monarchien verschwinden, demokratische Republiken etablieren sich, in Rußland verläuft die Oktoberrevolution erfolgreich.

Institutionelle und überzeugungsmäßige Grundlagen des Lebens in Europa sind ins Wanken geraten, Traditionen sind abgerissen. Alte und neue Ideen kämpfen gegeneinander und suchen die Verläufe zu deuten – in Philosophie, Gesellschaftstheorie, Kunst, Literatur. Untergangstheorien wie die von Spengler haben Konjunktur. Die Melancholie des fin de siècle, die Zerstörungen des Krieges, der Zusammenbruch alter Ordnungen scheinen das Geschick unvermeidlichen Niedergangs zu bezeugen.

In der Physik, deren überaus erfolgreiche Periode eine Erfolgsgeschichte der Newtonschen Mechanik gewesen war, ereignete sich die Ablösung der „klassischen" Theorien durch Relativitätstheorie und Quantenmechanik: eine wissenschaftliche Revolution von größter Reichweite, die auch die übrigen Naturwissenschaften nicht unverändert lassen wird.

Selbst die sicherste aller Wissenschaften, die Mathematik, von der der kritische Kant noch sagen konnte, daß sie seit den Tagen ihrer Entstehung bei den Griechen auf dem geraden Weg der Wissenschaftlichkeit vorangeschritten sei, war in ihre „Grundlagenkrise" geraten. Nachdem das 19. Jahrhundert in der Infinitesimalrechnung (Analysis) und Mengenlehre so bedeutende Fortschritte gebracht hatte, die in Freges „Grundlagen der Arithmetik" (1884) ihre Fundierung erhalten sollten, zeigte Bertrand Russell, daß sich aus Freges Ansatz Antinomien, d.h. einander widersprechende Aussagen, herleiten lassen. Die Mathematik als eine widerspruchsfreie Disziplin zu etablieren, war die große Herausforderung, die Suche nach sicheren Grundlagen das erstrebte Ziel. Jedoch erstanden und entwickelten sich zur Realisierung dieses Zieles rivalisierende Begründungsprogramme mit unterschiedlichen Auffassungen über die Zulässigkeit von Regeln und Beweismitteln, unterschiedlichen Auffassungen über das Verhältnis von Logik und Mathematik. Zwischen den Anhängern von Logizismus, Formalismus (Axiomatik) und Intuitionismus (Konstruktivismus) entbrannte ein Grundlagenstreit. Was allgemein als Zeichen einer unwissenschaftlichen Metaphysik galt – der unentscheidbare Streit zwischen rivalisierenden Schulen – trat sogar in der Musterwissenschaft auf. – Eine Krisis der Grundlagen war allenthalben zu konstatieren.

Hegels Diktum, eine Philosophie sei „ihre Zeit in Gedanken gefaßt", auf Popper anzuwenden, scheint abwegig zu sein; denn bei ihm findet sich nichts Enzyklopädisches, keine Summe der Zeit. Aber man kann Poppers Philosophie als eine genuine Reaktion auf den hervorstechendsten Grundzug seiner Epoche ansehen: die Umbrüche in Wissenschaft und Gesellschaft und den Verlust von sicheren Grundlagen in beiden Bereichen. Sein ganzes Philosophieren kreist um den Gedanken eines theoretischen und praktischen Wissens, das ohne sichere Fundamente auskommen kann und gleichwohl die Erwartungen, die wir an eine leistungsfähige Erkenntnis knüpfen, erfüllt.

Popper, der Wissenschaftstheoretiker, Sozialphilosoph und Aufklärer, bringt in seinem „kritischen Rationalismus" Positionen zum Ausdruck, die sich als Antworten auf die Umbruchsituation in den zwanziger Jahren unseres Jahrhunderts verstehen lassen. Im Unterschied zu manchen Denkern und Schriftstellern dieser Zeit, die entweder nur seismographisch die Beben dieser Umbruchphase verzeichnen oder in einer Fixierung aufs Vergangene verharren, findet sich bei Popper eine positive Umsetzung dieser Erfahrung, eine Bejahung dieses Zerbrechens von Fundamenten.

Noch während der Niederschrift seiner ersten Monographie teilt Popper dem Kulturkritiker Egon Friedell in einem Brief v. 30. Juni 1932 mit: „Mein Buch ist eine Erkenntnistheorie, genauer eine Methodenlehre. Es ist ein Kind der Zeit, ein Kind der Krise – wenn auch vor allem der Krise der *Physik.* Es behauptet die *Permanenz der Krise;* wenn es Recht hat, so ist die Krise der Normalzustand einer hochentwickelten rationellen Wissenschaft." (GE 443 Anm. 5) Veränderungen und Umbruch sind ihm mithin nicht Ausdruck des Niedergangs: Popper ist kein Melancholiker des fin de siècle, er behauptet die „Permanenz der Krise", die Krise als Grundzustand; denn im aus ihr hervorgehenden Schritt zum Neuen zeigt sich die eigentliche Möglichkeit des Menschen, zeigt sich seine Offenheit für die Weiterentwicklung des Tradierten, für die Schaffung neuer Welten, zeigt sich auch die Verantwortung, die er für die mögliche Verbesserung der Lebensverhältnisse zu übernehmen hat: „Der Mensch hat neue Welten geschaffen – der Sprache, der Musik, der Dichtung, der Wissenschaft; und die wichtigste davon ist die Welt der moralischen Forderungen – nach Gleichheit, nach Freiheit, und nach Hilfe für die Schwachen." (OG I 65)

Poppers Jugend fällt in das Wien der Jahre 1910 – 1920, und von der Situation in Wien muß zunächst die Rede sein, will man einen Zugang zu Poppers Philosophie finden. Die Lebensumstände im Wien von Poppers Jugend zeigen eine frappierende Ähnlichkeit mit Grundthemen seiner Philosophie. Popper hat in seiner intellektuellen Autobiographie dem auch deutlichen Ausdruck gegeben. Einsichten, die er zum Teil erst Jahrzehnte später publizierte, hat er an die Ereignisse in Wien, mit denen er als Achtzehnjähriger konfrontiert war, geheftet: so die antidogmatische Einstellung der Kritik, die auf die Idee der offenen Gesellschaft führt; so die revolutionsfeindliche Konzeption der Sozialtechnologie, die Stück für Stück zu reformieren sucht; so die Einstellung des Humanisten und Aufklärers, die ihn zur Volksbildung führt und die Privilegien des alten Bildungsbürgertums nicht länger festzuhalten sucht.

Seit der Jahrhundertwende war die „soziale Frage" ein Topos, der auch publizistisch ausgiebig diskutiert wurde. Die Rivalität zwischen orthodoxen Marxisten und sozialistischen Revisionisten, der Kampf gegen die Utopisten und Kathedersozialisten waren keine parteiinternen Affären; breite Schichten des Bürgertums beteiligten sich an diesen Debatten. Der „Verein für Sozialpolitik" verstand sich als Forum sozialreformerischer Ideen: Man suchte die Lage der Arbeiterschaft zu bessern, indem man eine gegenseitige Ergänzung von Staats-, Gesellschafts- und Eigeninitiative anstrebte. Die Hoffnung auf eine proletarische Revolution erschien als bloße Utopie; an der Zusammenbruchstheorie von Marx gab es beträchtliche Zweifel. Nicht auf das Endziel sollte man hoffen, sondern für die konkreten Verbesserungen durch Unterstützung der sozialen Bewegung sollte man einstehen. Reformen, nicht Revolutionen, schienen die Lage der Arbeiterschaft wirksam verbessern zu können. – Nachdem die Prognosen der Marxisten (zunehmende Verelendung der Massen, Konzentration des Kapitals, Tempo der Entwicklung) nicht eintrafen, wie es die Theorie verlangte, wurde die Wissenschaftlichkeit des Marxismus ein vorrangiges Thema. K. Kautsky stellte den Ökonomismus in Frage und pochte auf den Materialismus als Basis der Wissenschaftlichkeit des Marxismus. Die Rückkehr dieses bedeutenden Theoretikers des Marxismus nach Wien belebte diese Diskussionen.

Aber nicht nur die Sozialphilosophie Poppers hat ihren Stimulus aus dieser frühen Zeit in Wien und der Nähe zum Schauplatz des Umsturzes, auch seine wissenschaftstheoretische Einsicht datiert Popper in diese frühe Phase. Auch sie freilich hat mit „Umsturz" zu tun: mit Einsteins Relativitätstheorie. Viele sahen in diesem Schritt eine wissenschaftliche Katastrophe, sie lehnten Einsteins Theorien ab und bekämpften ihn. Popper nimmt demgegenüber diesen Schritt als mustergültigen Vorgang, geradezu als Gütezeichen der empirischen Wissenschaft. Daß dieser Schritt so verstanden werden konnte, lag nach Popper in der Methode begründet: Naturwissenschaftliche Theorien und Gesetze sind nur Hypothesen, d.h. vorläufige Annahmen im Rahmen einer Forschungsaktivität, nicht aber endgültig gesicherte Wahrheiten. Die methodische, regelgeleitete Verwendung der Hypothesen im Rahmen ihrer experimentellen Überprüfung war für ihn das eigentliche Kennzeichen der Wissenschaft, weshalb die traditionelle Wissenschaftslehre vor allem als Methodologie fortgeführt werden mußte. Was zunächst wie ein entscheidender Mangel der wissenschaftlichen Erkenntnis aussieht, daß eine überaus erfolgreiche Theorie sich als „falsch" erweisen kann, wird in Poppers Methodologie zu ihrem Vorzug erklärt: Als wissenschaftlich erweist sich eine Theorie gerade dadurch, daß sie an der Erfahrung scheitern kann, daß sie „falsifizierbar" ist.

Popper wird aber damit zugleich zum Advokaten der permanenten Überholbarkeit und Verbesserungsbedürftigkeit all unserer Erkenntnisse und ist damit ein vehementer Verfechter einer positiven Fortschrittsorientierung, sowohl im wissenschaftlichen wie im sozialen Bereich. Kritik und Engagement gehören für Popper zusammen – wie in der Philosophie der Aufklärung. Auseinandersetzung und Polemik kennzeichnen seinen Denkstil ebenso wie das Einstehen für jene Werte, die nach der französischen Revolution die Philosophie der Aufklärung inspirierten. Philosophie ist für Popper nicht – und ist es auch, wo immer sie lebendig war, nie gewesen – ein konsequenzenloses Geschäft, sondern sie muß ihren Beitrag zu anstehenden Problemen leisten – und das sind vornehmlich Probleme des politisch-praktischen Lebens.

Popper hat sich deshalb immer abzugrenzen gesucht von einer nur metawissenschaftlich arbeitenden Philosophie, wie sie in manchen sprachanalytischen Strömungen der Gegenwartsphilosophie vorliegt. Den sachlichen Problemstellungen gegenüber sind solche der Terminologie und des sprachlichen Ausdrucks sekundär. Philosophie muß helfen, daß in rationaler Art und Weise die real bestehenden Probleme bewältigt werden. Der Primat der Praxis gilt für ihn allgemein, also auch in der Philosophie. Sowohl seine Sympathie für den common sense, den gesunden Menschenverstand, wie sein Plädoyer für den Realismus, seine Abneigung gegen alles Verstiegene, gegen zuviel „Sophistication", haben in der Anerkennung des konkreten, realen Problembestands einer Zeit ihre Wurzel. Eine reale „Problemsituation" soll Ausgangspunkt jeder philosophischen Fragestellung sein.

2. *Poppers Leben und Schriften*

Karl Raimund Popper wurde am 28. Juli 1902 in Wien geboren. Er war Kind – das jüngste von dreien – jüdischer Eltern, die zum Protestantismus konvertiert waren. Von daher war er von frühauf vertraut mit dem Problem der Minderheiten, mit den Problemen kultureller und religiöser Pluralität.

Der Vater war Jurist. Er führte eine bedeutende Anwaltskanzlei inmitten von Wien. Bei ihm verkehrten einflußreiche Männer aus Politik und dem geistigen Leben. Vater und Sohn hatten offensichtlich häufige Diskussionen miteinander. Das Verhältnis muß nach den autobiographischen Hinweisen Poppers für ihn sehr wichtig gewesen sein. Popper erwähnt, daß er noch heute die Texte aus seines Vaters Bibliothek benutze, aber er erwähnt wenig von den Inhalten dieser Diskussionen. Drei Problemfelder lassen sich aber in diesem Umfeld deutlich erkennen (A 7). Einmal Themen zu Spinoza, Locke, Kant, Schopenhauer, die in seines Vaters Verständnis von Philosophie Hauptfiguren darstellten. Zweitens, die Wissenschaftsphilosophie um die sogenannten Monisten, d.h. vor allem Mach und Ostwald, die sich stark auf Darwin und die Darwinsche Evolutionslehre bezogen, und schließlich Themen zur sozialen Frage, ausgehend von Marx, Engels, Lasalle und Kautsky.

Es waren jedoch wohl weniger die Inhalte als die Form dieser Auseinandersetzungen, die bleibenden Eindruck bei Popper hinterließen. Poppers Insistenz auf klarer Darlegung in der Sache, die bis in seine Ablehnung sprachphilosophischer Themen führt, kann hier ihre Wurzel haben; insbesondere aber sein Angehen gegen Autorität, sofern sie sich der Kritik zu entziehen sucht. Viele der Themen, die Popper zeitlebens beschäftigen sollten, werden von ihm zurückdatiert schon in diese frühen Diskussionen zuhause mit dem Vater und mit seinen Freunden. Als der erste Weltkrieg endete und das Österreichisch-Ungarische Reich zusammenbrach, war Popper sechzehn Jahre alt, offenbar aber sehr ernsthaft und erwachsen.

Poppers Reaktion auf den Zusammenbruch der Alten Welt besteht zunächst darin, daß er das Gymnasium verläßt. Er beginnt eine Schreinerlehre und schreibt sich zugleich als Gasthörer an der Universität Wien ein. Hunger und Elend in breiten Schichten der Bevölkerung in Wien nach dem Kriege konnten Popper nicht verborgen bleiben und führten ihn dem Gedankengut des Sozialismus zu. Popper erklärt, daß er bis etwa 1919 Marxist und danach jedenfalls Sozialist war. Es waren zwei Ereignisse, die ihn schließlich von dieser Einstellung abbrachten. Er erlebte 1918 mit, als kommunistische Truppen auf die Mitglieder der neuen Regierung schossen und als junge kommunistische Arbeiter beim Versuch, inhaftierte Jugendliche zu befreien, erschossen wurden. Popper erlebte hier explizit die Divergenz zwischen einer Doktrin und ihrer Praxis; zwischen dem Versprechen von Glück und der Besserung der materiellen Bedingungen für die breiten Schichten der Bevölkerung und ihren praktischen Konsequenzen, die das Leiden vermehrten. Vor allem stieß er sich an der Sicherheit der jungen Kommunisten, die meinten, sie müßten den Klassenkampf verschärfen, um die Revolution zu vollenden, auch wenn dabei Menschenleben geopfert würden. Daß die Revolution solche Opfer verlangen dürfe, schien Popper inhuman. Außerdem störte es ihn, daß sich diese jungen Intellektuellen, die im allgemeinen Söhne aus der Bürgerschicht waren, so selbstverständlich als Führer der Arbeiterklasse sahen, nur weil sie Marx gelesen hatten. Popper entschloß sich, Arbeiter zu werden und wandte sich von der bloß intellektuellen Beschäftigung mit der sozialen Frage ab. Allerdings erwies er sich den physischen Belastungen nicht gewachsen und nahm seine Schulausbildung wieder auf, indem er auf dem zweiten Bildungsweg das Abitur nachholte. Seit 1922 studierte er für das Lehramt mit den Hauptfächern Mathematik und Physik und legte 1924 das Examen als Realschullehrer ab. Aber es bestand keine Chance, als Lehrer tätig zu werden.

Popper fand ein Tätigkeitsfeld als Sozialarbeiter. In dieser Zeit hatte er philosophischen Kontakt vor allem mit Heinrich Gomperz, einem bedeutenden Kenner der griechischen Philosophie, der sich auch für Erkenntnistheorie interessierte, und mit Karl Bühler, der Entwicklungspsychologie und Gestaltpsychologie vertrat. Bei Bühler fertigte Popper seine Dissertation im Jahre 1928 an mit dem Titel „Zur Methodenfrage der Denkpsychologie".

Erst im Jahre 1930 erhielt Popper seine erste Stelle als Lehrer an der Hauptschule. In diese Zeit fällt seine Begegnung mit Herbert Feigl, Mitglied des „Wiener Kreises", der ihn ermuntert, zu Fragen der Wissenschaftstheorie, die Popper seit langem beschäftigten, zu schreiben. Aus dieser Ermunterung ging Poppers Erstling hervor mit dem Titel „Die beiden Grundprobleme der Erkenntnistheorie" – ein Buch, das allerdings nicht erschien, weil es zu umfangreich war. Nachdem Carnap, Feigl, Schlick, Neurath und andere es gelesen hatten, legten sie Popper nahe, eine Kurzfassung anzufertigen, aus der 1934 die „Logik der Forschung" hervorging. Die Tatsache, daß Popper seine „Logik der Forschung" aus dem Diskussionszusammenhang des „Wiener Kreises“ heraus entwickelte und zugleich als eine emphatische Gegenposition gegen die Philosophie des Logischen Empirismus, sicherte diesem Werk eine beachtliche Wirkung. Carnap, Hempel und andere widmen ihm Rezensionen und modifizieren ihre bis dahin vertretenen Positionen unter dem Einfluß der Popperschen Argumente nicht unbeträchtlich. Zugleich führt dieser Zusammenhang zu Mißverständnissen, was das Verhältnis Poppers zu den Logischen Empiristen betrifft, die sich hartnäckig, zum Teil bis heute, gehalten haben. So wird insbesondere das Mißverständnis erzeugt, als habe Popper das Sinnkriterium der Verifikation durch sein Kriterium der Falsifikation ersetzt. Popper wurde intern als Vertreter der Philosophie des Logischen Empirismus gesehen und auch von außen bis in die Debatte um den Positivismusstreit hinein als Repräsentant des Positivismus bekämpft.

Der Erfolg der „Logik der Forschung“ bringt Popper Einladungen nach England und Brüssel in den Jahren 1935 und 1936 und führt schließlich zu seiner Berufung an die Universität von Christchurch in Neuseeland, die er im Jahre 1937 annimmt. Popper gelingt damit, ein Jahr bevor Hitler in Österreich einmarschiert, die Emigration. Er nutzt seine Zeit in Neuseeland zur Ausarbeitung seiner Sozialphilosophie, die veranlaßt ist durch das Aufkommen des Totalitarismus, insbesondere des Faschismus in Deutschland. Der Kern dieses philosophischen Ansatzes geht auf einen Seminarvortrag bei F. A. von Hayek an der London School of Economics zurück, wo Popper sich mit den sogenannten historischen Gesetzen befaßt hatte, Gesetzen der historischen Entwicklung, auf die sich politische Mächte zu berufen pflegen, um ihre Machtansprüche zu legitimieren. Popper verneint die These, daß die Geschichte durch Gesetze, vergleichbar den Naturgesetzen, beherrscht sei. Mithin finden wir hier den Kampf gegen den Determinismus, der für Popper in der Naturphilosophie wie in der Individualpsychologie gleichermaßen wichtig wird.

Bei der Niederschrift seiner Ideen wachsen aus diesem ursprünglichen Seminarvortrag zwei verschiedene Monographien. Einmal die unter dem Titel „Das Elend des Historizismus“

erschienene Schrift, die zunächst in drei Teilen in der Zeitschrift ECONOMICA 1944 erschien (erste Buchveröffentlichung 1957) und das Thema der historischen Gesetzmäßigkeit im Zentrum behielt; zum anderen die zweibändige Arbeit mit dem Titel „Die offene Gesellschaft und ihre Feinde", die 1945 in London erschien (1957 in deutscher Übersetzung). In dieser Studie entwickelt Popper anhand von ausführlichen Auseinandersetzungen mit Plato, Hegel und Marx seine Idee der „offenen Gesellschaft", die im Geiste der Aufklärung gegen jede Form von Totalitarismus gerichtet ist. Zugleich wird in dieser Schrift der methodische Ansatz aus der „Logik der Forschung" weitergebildet zu einem kritischen Rationalismus, d.h. zu einer Einstellung, die sowohl die theoretische wie die praktische Philosophie umfassen soll. Popper wurde zunächst mit diesen Schriften in weiteren Kreisen als Sozialphilosoph bekannt. Er erhielt im Jahre 1946 einen Ruf nach England an die London School of Economics and Political Science, wo er bis zu seiner Emeritierung blieb. Im Jahre 1949 erhielt Popper die Einladung, in Harvard die William James Lectures zu halten. In Verbindung mit diesem Besuch in den USA ergaben sich Gespräche und Treffen mit Einstein, Bohr, Bridgman und erneut Kontakte mit Mitgliedern des „Wiener Kreises", die in die USA emigriert waren.

Die Themen der „Logik der Forschung" blieben die Grundlage der Popperschen Philosophie, aber das Buch war nach wie vor nur in der deutschsprachigen Erstauflage präsent. Popper arbeitete an einer neuen Auflage und hatte den Plan, etwa um 1950, eine Übersetzung der „Logik der Forschung" zugleich mit einem Komplementärband „Postscript after Twenty Years" zu publizieren. Erst 1959 erschien schließlich die englische Übersetzung der „Logik der Forschung" unter dem Titel „Logic of Scientific Discovery", nicht jedoch das „Postscript".[1]

Im Jahre 1961 hielten Popper und Adorno auf dem von R. Dahrendorf organisierten Tübinger Soziologen-Tag die Hauptreferate „Zur Logik der Sozialwissenschaften". Damit begann eine Kontroverse, die unter dem Titel „Der Positivismusstreit in der deutschen Soziologie" (ersch. 1969) lange Jahre die Diskutanten an den deutschen Hochschulen beschäftigen sollte. Traten hier doch auf dem Themenfeld der Sozialwissenschaft die beiden Richtungen, die auf ihr Schild „Kritik" geschrieben hatten, gegeneinander an: die „Kritische Theorie", in der „Frankfurter Schule" organisiert, und der „Kritische Rationalismus", der in Deutschland vor allem von Hans Albert repräsentiert wurde.

Popper hat seine philosophischen Positionen in einer Reihe von Abhandlungen weiterentwickelt, die er 1963 unter dem Titel „Conjectures and Refutations: The Growth of Scientific Knowledge" in London herausbrachte (merkwürdiger- und bedauerlicherweise ist diese Arbeit noch immer nicht ins Deutsche übersetzt). Während in diesen Aufsätzen die Themen der dreißiger Jahre ihre Fortbildung (vor allem zum Wahrheitsthema) und Abrundung erfahren, beginnt Popper einen neuen Ansatz durch seine erkenntnistheoretische Orientierung an der Evolutionslehre. 1972 erscheint eine Aufsatzsammlung mit dem Titel „Objective Knowledge: An Evolutionary Approach" (dt. 1973). Die Wendung gegen den Subjektivismus in der Erkenntnistheorie, die schon in den anfänglichen Arbeiten offenkundig war, wird nun verstärkt und mit neuen Mitteln fortgeführt in seiner „Erkenntnistheorie ohne erkennendes Subjekt" zu einer „Theorie des objektiven Geistes". Über die Adoption der Darwinschen Theorie der Selektion gewinnt Popper einen Ansatz, der das Konzept der wissenschaftlichen Objektivität, den Indeterminismus, den Realismus und die Idee einer approximativen Theorienentwicklung zur Wahrheit hin gleichermaßen integrieren soll. Dieser Ansatz konvergiert mit der biologisch ansetzenden „evolutionären Erkenntnistheorie", die durch die Verhaltensforschung (K. Lorenz) neue Impulse erhalten hatte und im letzten Jahrzehnt eine breite öffentliche Diskussion erlebte.

Ausgehend von seinem ontologischen Pluralismus („Drei-Welten-Lehre"), entwickelt Popper gemeinsam mit dem Neurophysiologen J. Eccles Vorstellungen eines Interaktionismus von Bewußtseinsakten und Prozessen im neuronalen System – in Nachfolge des „Leib-Seele-Problems" auch als Psycho-Physisches Problem bekannt. Aus dieser Kooperation kommt es zur gemeinsamen Veröffentlichung von „The Self and its Brain" (1977; dt. 1982).

In der „Library of Living Philosophers" (herausgegeben von P. A. Schilpp) hat Poppers Arbeit eine ausgebreitete Diskussion erfahren. Die beiden 1974 erschienen Bände enthalten neben den über dreißig Abhandlungen zu seinem Werk Poppers Entgegnungen und seine „Intellektuelle Autobiographie", die in erweiterter Form auch selbständig erschien (dt. als „Ausgangspunkte" 1979).

Popper hat für seine Arbeiten besondere wissenschaftliche und allgemeine Anerkennung erhalten: vielfache Einladung zu besonderen Vorlesungsreihen an verschiedenen Universitäten, die Verleihung von Ehrendoktorwürden und bedeutenden Preisen, die Erhebung in den Adelsstand durch die Britische Krone u.a.m.

3. Der philosophische Ansatz in Grundzügen

Poppers Philosophie läßt sich in erster Näherung gut kennzeichnen durch Verweis auf Sokrates einerseits und die Philosophie der Aufklärung andererseits. Sokrates hat den Satz „Ich weiß, daß ich nichts weiß" nicht als eine isolierte „Einsicht" vertreten. Er trat mit diesem Satz vielmehr jenen Zeitgenossen entgegen, die sich im Besitz sicheren Wissens wähnten und glaubten, sich für ihr politisch-praktisches Handeln darauf verlassen zu können. Die sokratische Betonung des Nichtwissens ist weder die banale Feststellung subjektiver Ignoranz, noch ist sie inspiriert von einem Spaß am Verunsichern und Zerstören von Illusionen. Sie geht aus von einer Besorgtheit um den Menschen; die Haltung des Hinterfragens ist ethisch motiviert, und Popper kennzeichnet die Position des Sokrates zu Recht als „ethischen Rationalismus" (C&R 153). Es galt, den Menschen aus seiner Fixiertheit an kritiklos übernommene Ansichten herauszuführen, damit er die Aufgabe, seine Stellung in der Welt zu bestimmen, verantwortlich übernehmen könne. Die Philosophie des Sokrates läßt sich nicht doktrinal, nicht durch Zusammenstellung einer Menge von Behauptungen charakterisieren, sondern durch die Art von Fragen, die er zu stellen wußte, und eher durch seine Einstellung zum Lernenkönnen als durch eine auf fixe Regeln zu bringende Methode des Wissenserwerbs. Popper erneuert diesen Sokratischen Zug der Philosophie, wenn er sich gegen ein Denken in wie immer gearteten „Systemen" wendet und die Offenheit der Problemsituation betont, in der das Fragen fortzuführen sei, wobei auch bewährte und für sicher gehaltene Ansichten doch nur Zwischenstadien in einer ständig fortzuentwickelnden Erkenntnis darstellen. Und er ist Sokratiker, wenn er betont, es komme auf die *Einstellung*, die „critical attitude", an, die dem Erkenntnisstreben zugrunde liege. Selbstgerechtigkeit, Mitläuferschaft, Autoritätsglaube sind Einstellungen, denen die kritische Einstellung entgegengesetzt wird. Und ebenso wie Sokrates sucht Popper die Auseinandersetzung mit den rivalisierenden Philosophien, um in dieser Auseinandersetzung die Positionen zu klären und deutlich zu machen. Das gibt Poppers Philosophie einen polemischen Zug, da aus der Diskussion heraus fast jeder eigene Gedanke durch die Kontrastierung mit schon vertretenen – und meistens vorherrschenden – Ansichten entwickelt wird. In der Person und im Schicksal des Sokrates sieht Popper den Repräsentanten der kritischen Einstellung und moralischen Verantwortlichkeit, der für die Freiheit des kritischen Denkens und die Integrität seiner Person mit seinem Leben bezahlt hat.

Mit der Aufklärungsphilosophie teilt Popper das Angehen gegen Bevormundung und Unterdrückung, gegen Dogmatismus und jede Form von Totalitarismus. Falsche Propheten und Autoritäten werden deshalb sowohl in theoretischen wie in praktischen Zusammenhängen aufgespürt und vor den kritischen Richter der Vernunft gestellt. Kants Definition von Aufklärung versteht Popper als ein persönliches Bekenntnis. „Aufklärung", sagt Kant, „ist der Ausgang des Menschen aus seiner selbstverschuldeten Unmündigkeit. Unmündigkeit ist das Unvermögen, sich seines Verstandes ohne Leitung eines anderen zu bedienen. Selbstverschuldet ist diese Unmündigkeit, wenn die Ursache desselben nicht am Mangel des Verstandes, sondern der Entschließung und des Mutes liegt, sich seiner ohne Leitung eines anderen zu bedienen. Sapere aude, habe Mut dich deines eigenen Verstandes zu bedienen! ist also der Wahlspruch der Aufklärung."[2] Dieses Zitat, von dem man wohl sagen kann, daß es der Leitstern war, unter dem Kant um seine geistige Selbstbefreiung kämpfte, ist auch Leitstern für Poppers eigenes Engagement[3] und seinen Kampf gegen die „geschlossene Gesellschaft", die er in den totalitären Systemen des Nationalsozialismus und des Stalinismus am Werk sah.

Mit dieser allgemeinen Akzentuierung von Kant als dem Philosophen der Aufklärung verbindet sich ein weiterer Punkt, auf den Popper sich positiv bezieht, nämlich die Kantische These vom Primat der praktischen Vernunft. Diese These schließt freilich nicht eine Vernachlässigung der theoretischen Erkenntnis ein oder macht sie gar zu etwas Unwesentlichem. Im Gegenteil, genau in dem Sinn, in dem für Kant die Untersuchungen der theoretischen Philosophie grundlegend sind und eine zentrale Stellung durch sein gesamtes philosophisches Leben behalten – denn in ihnen werden die Kriterien entwickelt, gegen die auch die höherrangigen Ansprüche der praktischen Vernunft nicht verstoßen dürfen –, haben auch für Popper die erkenntnistheoretischen Probleme eine primäre Bedeutung. Seine Methodologie ist in Analogie zur theoretischen Philosophie Kants eine grundlegende Disziplin geblieben. Gleichwohl erhalten die Fragestellungen, die mit dem Sollen des menschlichen Handelns, und das heißt, die mit der Kulturentwicklung des Menschen verbunden sind, ein größeres Gewicht. Popper ist und bleibt Kantianer, insofern er einem Dualismus immer das Wort geredet hat; die Unterscheidung von Fakten einerseits und Werten und Normen andererseits läßt sich bei Popper nicht in einem monistischen einheitlichen System aufheben, wie es die deutschen Idealisten nach Kant zu ihrer Hauptaufgabe gemacht hatten.

Die Vernunft muß als ein allgemeines Vermögen verstanden werden, das sich nicht auf besondere Intuitionen von Auserwählten oder die Ansprüche überkommener Eliten stützen und berufen darf. Die Forderung nach allgemeinverständlicher Rede und Klarheit in der Darstellung wird gegenüber einem scholastischen und schulimmanenten Sprachgebahren ins Feld geführt. Die fragwürdige Auszeichnung letztgültiger Instanzen im Erkenntnisprozeß war von der Sehnsucht nach Sicherheit inspiriert. Als spezifisch menschliches Unternehmen erweist sich die Erkenntnis jedoch gerade dadurch, daß sie auf unsicheren Grundlagen voranschreitend sich mit Hilfe von Vermutungen der Wahrheit allenfalls nähern, nie jedoch von ihrem Besitz ihren Ausgang nehmen kann.

Poppers Auffassung von der Erkenntnis realisiert, wenn man so will, jene Alternative, die Lessing im „Nathan" als die dem Menschen angemessene Möglichkeit ausgezeichnet hatte: nicht der Besitz, sondern die ständige Suche nach Wahrheit sei Ziel unseres Strebens.

Popper ist stark vom englischen Liberalismus geprägt und verdankt J. St. Mill sowohl in methodologischer wie in politisch-praktischer Hinsicht viele Anregungen. Jedoch ist diese Linie bei Popper überformt durch die Aneignung der Kantischen Philosophie; in der praktischen Philosophie bleiben die utilitaristischen Erwägungen immer unter der Führung der Autonomiethese des moralischen Subjekts.

Auch wenn Popper in ganz wichtigen Punkten sich gegen Kant stellt, so bleibt er in seiner Grundorientierung doch positiv auf ihn bezogen. Von Kant übernimmt Popper die These, daß die Erkenntnistheorie als Theorie der wissenschaftlichen Erfahrung durchzuführen sei: Mathematik und mehr noch Physik haben bei beiden Denkern einen Sonderstatus; zwar werden sie nicht unkritisch übernommen, jedoch wird ihre Vorbildlichkeit für die menschliche Erkenntnis im allgemeinen nicht bestritten, sondern aufgezeigt. Sie übernehmen, wie man heute sagt, eine paradigmatische Rolle.

Von Kant übernimmt Popper die Aufgabe der Abgrenzung der Wissenschaften und Erkenntnisarten voneinander. Das Abgrenzungsproblem, Grundthema der Popperschen Erkenntnistheorie, nennt er auch das Kant-Problem. Von Kant übernimmt Popper auch die Trennung der Philosophie in theoretische und praktische, wobei die praktische den Primat behält. Gegenüber Hegel und sich auf Hegel berufenden Denkern, insbesondere Sozialtheoretikern, hat Popper immer mit Kant auf der unaufhebbaren Dualität von Fakten und Normen, von Sein und Sollen, bestanden. Es ist vor allem Kants Autonomiethese der menschlichen Vernunft, die Popper gegen den philosophischen Absolutismus ins Feld führt: das endliche Subjekt selbst muß die entscheidende Instanz für die Annahme oder Ablehnung, sei es von Tatsachenbehauptungen, sei es von Handlungsmaximen, bleiben. Das Risiko, das einer nach kritischer Prüfung erfolgten Entscheidung zugunsten irgendwelcher Maximen immer noch innewohnen wird, läßt sich nicht eliminieren, läßt sich nicht in einer absoluten Sicherheit auf Null bringen. Deshalb muß Popper das Moment der Verantwortung entsprechend betonen, deshalb auch jede Form von (wissenschaftlicher und philosophischer) Ideologie attackieren, die im Namen irgendwelcher Heilsgewißheiten das Maß der Verantwortung schmälern könnte.

Kants Kritik der menschlichen Erkenntnisleistungen ist getragen von einem als sicher ausgezeichneten Bestand an Erkenntnisformen und Begriffen, die ursprünglich und unveränderlich zur Vernunft als solcher gehören. Es gibt gleichsam ein sicheres Fundament für den erkenntniskritischen Standpunkt: eine wohldefinierte Klasse von synthetischen Urteilen a priori, die all unserem Erfahrungswissen zugrundeliegen. Sie schränken das Wissen zwar prinzipiell ein, fundieren es aber auch in diesem eingeschränkten Bereich auf eine hinreichende Weise.

Demgegenüber vertritt Popper die These, daß all unser Wissen ein fehlbares Wissen sei, eingeschlossen jene synthetischen Urteile a priori. Es kann prinzipiell kein Bestandteil unseres Wissens als zuverlässig, sicher, unerschütterlich, gewiß, wahr, oder wie immer wir jene Auszeichnung charakterisieren mögen, von unserem sonstigen Wissensgefüge abgesondert werden: alles ist im Prinzip ungesichertes Vermutungswissen und für Kritik offen.

Popper beruft sich gern, um seine Position zu charakterisieren, auf den Vorsokratiker *Xenophanes,* dessen Fragmente den fehlbaren, hypothetischen Charakter unseres „Wissens" einerseits und eine graduelle Verbesserung unseres Kenntnisstandes andererseits betonen: „Nicht von Anfang an haben die Götter den Sterblichen alles Verborgene gezeigt, sondern allmählich finden sie suchend das Bessere". „Und was nun die Wahrheit betrifft, so gab es und wird es Niemand geben, der sie wüßte mit bezug auf die Götter und alle Dinge, die ich nur immer erwähne. Denn spräche er auch einmal zufällig das allervollendetste, so weiß er's selber doch nicht. Denn nur Wahn ist allen beschieden."[4] Popper macht sich die letzte Zeile zueigen durch die Übersetzung: Denn alles ist nur Vermutung.

Poppers philosophische Selbstbestimmung hat mithin einen stark historischen Einschlag. Nicht nur indem er sich in die „Tradition der kritischen Diskussion" (C&R 149) einordnet, die bis in die Vorsokratik zurückreicht, sondern indem Geschichte sich als der Ort erweist, in dem sich Wandel durch Kritik vollzieht. Notwendigerweise stehen wir in Traditionen, wobei gerade deren institutionelle Ausformungen wichtig und wirksam sind. Traditionen sind für das soziale Leben ebenso unverzichtbar wie Theorien für die wissenschaftliche Forschung. Und keine der beiden ist unantastbar. Im Gegenteil, der in beiden Feldern zu fordernde Fortschritt ist nur zu haben durch die auf Traditionen und Theorien bezogene Kritik. Beider Rationalität und Akzeptierbarkeit hängt ab davon, in welchem Maß sie einer kritischen Diskussion und Überprüfung standhalten.[5] Poppers Position läßt sich deshalb als radikaler Fallibilismus kennzeichnen, eine Bezeichnung, die auf C. S. Peirce zurückgeht. Diese Position kommt dem traditionellen Skeptizismus sehr nahe – wenn sie sich überhaupt von ihm unterscheidet. Popper teilt nicht die pejorative Einschätzung, die dem Skeptizismus seit den Tagen der Stoa anhaftet, wonach er nur unfruchtbare Zweifelei sei; vielmehr hebt er das Suchende, Forschende, Prüfende an der skeptischen Einstellung hervor. Die menschliche Unwissenheit wird zwar betont, jedoch nicht um zu resignieren, sondern um das Forschen zu aktivieren,[6] bei gleichzeitiger Betonung ethischer Konsequenzen: allen voran Toleranz. Xenophanes, Sokrates, Erasmus, Montaigne,

Locke, Voltaire und Lessing nennt Popper in einer Reihe,[7] in die er auch Nikolaus von Kues und sein eigenes Philosophieren einordnet (AdS 218).

Läßt sich, so wird vielfach gegen Popper argumentiert, eine Position, nach der all unser Wissen Vermutung – ohne Sicherheit – sei und wir deshalb permanent in der kritischen Einstellung gegen alle unsere Ansichten und Einsichten bleiben müßten, überhaupt konsistent vertreten; ist sie nicht insbesondere psychologisch ein Unding, sofern wir uns dann ständig in Widerspruch zu unseren „sicheren Überzeugungen" setzen müßten? Dieser Einwand ist plausibel, besonders von der erkenntnispsychologischen Seite her; können wir doch an uns selbst immer wieder beobachten, daß die Ideen, von denen wir *überzeugt* sind, kraftvolle Motive unseres Wissenwollens und Handelns sind, daß sie uns inspirieren, während der Zweifel an ihnen eher zur Untätigkeit, zur Resignation, ja Paralyse führt: wie soll dann die umfassende Kritik Motor des Erkenntnisfortschritts sein können?

Der Einwand geht allerdings von zwei irrigen Annahmen aus: Kritik als Kennzeichnung der philosophischen Position Poppers ist in der Tat unvollständig, sofern nicht eingeschlossen wird, daß da etwas ist, was zu kritisieren ist. Popper geht davon aus, daß wir ständig im Besitz von Überzeugungen sind, die uns in einem vorwissenschaftlichen Sinne zugehören, und daß aus ihnen heraus sich unser Wissen bildet und entwickelt. Wissenschaft – auch die fortgeschrittenste – ist für Popper aufgeklärter common sense. D.h. jeder Mensch steht in für ihn selbstverständlichen Traditionen und Lebenszusammenhängen, die seine Auffassung von der Welt entscheidend prägen und tragen und die als solche nicht reflektiert werden: die wissenschaftliche Erkenntnis vollzieht sich aber gerade als und durch Kritik an solchen überkommenen Überzeugungen.

Nur also weil der Dogmatismus gleichsam unser „natürlicher Zustand" ist, kann das Geschäft der Vernunft als das der Kritik gekennzeichnet werden. Zugleich ist allerdings zu betonen, daß diese Kritik nicht nur als ein subjektives Angehen gegen die eigenen, inneren Überzeugungen zu nehmen ist, sondern daß sie sich primär als ein öffentlicher, intersubjektiver Prüfprozeß von rivalisierenden Ansichten darstellt.

Ansichten, Theorien, Weltauffassungen, können sicher von Individuen mit Hartnäckigkeit vertreten werden, aber sie sollen nicht ungeprüft, nicht unkritisch beibehalten werden, sie sollen in Konkurrenz mit Rivalen, d.h. im Prüfstand umfassender Kritik, ihre Vorzüge und Schwächen sichtbar werden lassen, so daß es auch zu inhaltlichen Modifikationen, Verbesserungen, Verwerfungen kommen kann. Die Kritik als intersubjektive Argumentation über Vorzüge und Schwächen bestimmter Überzeugungen vermittelt diesen gleichsam ein objektives Dasein, versachlicht und verwissenschaftlicht solche Überzeugungen.

Die so „objektivierten" Ansichten sollen ihre Präferenz ja nicht durch die Autorität dessen erhalten, der sie vertritt, sondern durch ihre, in bestimmten Merkmalen angebbaren Qualitäten, z.B. ob eine Ansicht überhaupt einen Aufschlußwert für ein Problem hat, um dessen Lösung wir bemüht sind.

Ein zweiter Aspekt wird ebenfalls häufig als paradox empfunden: Nach Popper besteht der Vorgang der Erkenntniserweiterung, insbesondere auch wissenschaftlicher Fortschritt, darin, daß wir uns von Irrtümern befreien. Erfahrung kann uns belehren, daß wir uns irrten in der Annahme, die eine oder andere unserer Ansichten sei wahr. Erfahrung tritt also für Popper als eine durchaus negative Instanz auf: sie sagt uns nicht, etwas verhalte sich so und so, sondern sie sagt, sofern sie überhaupt etwas Definitives sagt, immer nur ein ‚Nein' zu bestimmten Erwartungen, mit denen wir in den Prüfstand traten. Das ‚Ja' kommt im ärmlichen Sprachschatz der Erfahrung nicht vor. Der Wert der Erfahrung liegt nach Popper in dem Umstand, daß Erfahrungsbefunde unsere Regularitätserwartungen enttäuschen können, daß – in seiner Sprache – Aussagen über Beobachtbares unsere universal formulierten Gesetzesaussagen falsifizieren können.

Gegen diese Auffassung wird ins Feld geführt, daß das Lernen aus Erfahrung doch gerade positiv verlaufe; daß wir aus Erfahrung dadurch lernen, daß wir bestimmte Sachverhalte bzw. Kombinationen von Ereignissen immer wieder beobachten können und durch wiederholte Beobachtung und Erinnerung sich das Erfahrungswissen positiv weiterentwickle. Selbst wenn Poppers logische Analyse der Falsifizierbarkeit korrekt sei, so lasse sich doch nicht das Lernen aus Erfahrung auf diesen negativen Aspekt reduzieren.

Dagegen ist daran zu erinnern, daß der negative Zug der Erfahrung so paradox nicht ist, und daß er keineswegs nur charakteristisch ist für große Umbrüche in der wissenschaftlichen Theoriebildung. Auch im alltäglichen Sinn von Erfahrung betonen wir häufig den schmerzlichen und enttäuschenden Aspekt. Ernstzunehmende Lebens-Erfahrungen werden nicht leicht und durch Bestätigung unserer selbst gewonnen, sondern sie widerfahren uns, treten uns überraschend und störend in den Weg, ja stellen uns selbst in Frage. Lebenserfahren nennen wir vornehmlich jemand, der gelernt hat, mit den Widrigkeiten des Lebens fertig zu werden, und zwar so, daß er nicht das Unangenehme auf die Seite schiebt, sondern verarbeitet und daran wächst. Das Negative wird hierin – z.B. in Bildungsromanen wie Parsifal, Wilhelm Meister – sogar so betont, daß schon die Vorhersehbarkeit solcher Widrigkeiten die Ernsthaftigkeit der Erfahrung gefährden würde. Sie müssen plötzlich und überraschend auftreten und extrem abweichen von unseren Erwartungen. Der Aufs-Lernen-Bedachte darf sich also möglichst nicht in Situationen bewegen, die das Vertraute wieder und wieder bieten, sondern muß in die Fremde, die als Ort der Andersheit, der Widrigkeit vorgestellt wird; nicht um Abenteuer zu erleben oder der Monotonie des Vertrauten zu entkommen, sondern weil er nur so der krassen Andersartigkeit und den unvermeidlichen Enttäuschungen ausgesetzt werden kann, durch deren Verarbeitung er in seinen Lebensmöglichkeiten zugleich reicher und wahrhaftiger werden soll.

Wer sich hingegen auf seine Erfahrungen beruft, um sich gegen Neuartiges, Andersartiges zu verschließen, dem bescheinigen wir letztlich nicht ein wirkliches Erfahrensein, sondern eine Borniertheit, weil er auf die Erlebnisse pocht, die er zufälligerweise hatte. Das Sich-Einnisten im Gewohnten hat zwar auch Erfahrungsbezüge, bringt aber die Erfahrung gerade um ihren eigentlichen Sinn, der auf die Überwindung unserer Beschränktheiten zielt und darin etwas Schmerzvolles und schwer zu Übernehmendes beinhaltet.

Kritik und Negativität der Erfahrung sind somit weder paradox noch verzerrt oder einseitig. Sie sind Instanzen, in denen Popper belegbare, ja uns geläufige Strukturen aufgreift und in ihnen den Grundzug seiner Philosophie verankert: den der *Offenheit.* Durch diesen Begriff von Offenheit stellt sich Popper im theoretischen Bereich gegen die philosophischen und wissenschaftlichen Systembildungen, die den Anspruch auf endgültige und erschöpfende Darstellung des Wissens erheben, und im praktischen gegen geschlossene Gesellschaftssysteme und Totalitarismen jeglicher Provenienz. Das Konzept der „offenen Gesellschaft" und der Kampf gegen ihre Feinde sind Poppers Beitrag zum Kampf gegen den Faschismus. Und doch ist er zugleich ebenso Gegner von Relativismus und Indifferentismus; bei aller Offenheit, die für ihn zu den menschlichen Formen des Wissens und Daseins gehört, will Popper doch für reale Veränderungen eintreten. Es geht ihm um eine Philosophie im Primat praktischer Konsequenzen. Schulstreitigkeiten – und seien sie auch noch so scharfsinnig – sind ihm scholastische Verflachungen, die den Kontakt zu den realen Problemstellungen und damit die Offenheit des Denkens verloren haben.

Offenheit des Denkens selbst ist aber für Popper keine leere Formel. Bedenken wir, daß um die Jahrhundertwende das Bewußtsein vom Abschluß der naturwissenschaftlichen Theoriebildung mehr verbreitet war als das des kommenden Umbruchs. Als Max Planck sich entschloß, Physik zu studieren, rieten ihm seine Lehrer ab mit der Bemerkung, daß es in diesem Felde nichts mehr zu tun gebe, daß die Arbeiten im wesentlichen abgeschlossen seien. Bedenken wir, daß insbesondere die erkenntnistheoretischen Debatten durch die Philosophie des logischen Empirismus ein für allemal beendet werden sollten. Wittgensteins stolzes Bekenntnis aus dem Vorwort des „Tractatus": „Dagegen scheint mir die Wahrheit der hier mitgeteilten Gedanken unantastbar und definitiv. Ich bin also der Meinung, die Probleme im Wesentlichen endgültig gelöst zu haben ..."

Abb. 1: Karl Popper in Neuseeland während des Zweiten Weltkriegs

definierte das philosophische Bewußtsein des „Wiener Kreises". In Schlicks „Allgemeiner Erkenntnislehre" (1918) wurde versichert, daß man den „Streit der Systeme bereits heute als im Prinzip beendet ansehen" dürfe. Nach dem Sinnkriterium der Positivisten ließen sich die sogenannten philosophischen Probleme entweder auf Probleme der Naturwissenschaften oder der Logik reduzieren, oder aber als Scheinfragen entlarven. Wenn Popper demgegenüber wieder genuin philosophische Probleme ins Feld führte, so ging es ihm vor allem um die Befreiung aus selbstgesetzter Beschränkung des Denkens.

Poppers Erstlingsschrift ist vor allem ein Dokument dieser Auseinandersetzung, in der er gegenüber dem Anspruch, die philosophischen Probleme als Scheinprobleme aufgelöst zu haben, zu zeigen hatte, daß es sich dabei in Wahrheit nur um scheinbare Lösungen handelte; d.h. Popper mußte einen sachlich unabweisbaren Kern in den Problemstellungen aufweisen; er mußte zeigen, daß neben den empirisch wissenschaftlichen und den formallogischen Aussagen es eine weitere Klasse kognitiv bedeutsamer Aussagen mit eigener Methode gab: das Gebiet der Erkenntnistheorie, wie es in der Tradition Kants gepflegt worden war.

Vom klassischen Rationalismus des 17. Jahrhunderts übernimmt Popper die Auszeichung eines formalen deduktiven Wissenschaftskonzeptes. Seit den Tagen des Euklid hatte die axiomatische Darstellung der Geometrie für die „rationalistische Linie" der Philosophie, in der auch Popper steht, eine Vorbildrolle gespielt, die durch Newtons „Principia" sich auch für eine empirisch-wissenschaftliche Theorie hatte realisieren lassen – ein großartiger Erfolg. „In meinen Augen sind Newtons ‚Mathematische Prinzipien der Naturphilosophie' das größte intellektuelle Ereignis, die größte intellektuelle Revolution in der gesamten geistigen Geschichte der Menschheit. Sie sind die Erfüllung eines mehr als zweitausendjährigen Traumes, und sie zeigen die Reife der Wissenschaft an und ihre Loslösung von der Philosophie." (AdS 208)

Vom klassischen Rationalismus eines Descartes unterscheidet sich Popper jedoch dadurch, daß er in der deduktiven Wissensform nicht einen endgültig gesicherten Wissensbestand sieht, sondern ein Mittel, das die Bedingungen der Prüfbarkeit dieses Wissens steigert, aber gerade nicht über den hypothetisch-fallibllen Zustand hinausführt.

Während der klassische Rationalismus in der *mathesis universalis* die Unbezweifelbarkeit und Gewißheit unserer Erkenntnis zu erreichen suchte, das „fundamentum inconcussum", gibt Popper den „Certismus", die Suche nach sicheren Fundamenten, überhaupt auf zugunsten seines rechtfertigungsfreien „kritischen" Rationalismus der Hypothesenprüfung.

II. Methodologie der empirischen Wissenschaft und das Abgrenzungsproblem

1. Neukantianische Anfänge

Was Poppers Denken von Anfang an charakterisiert, das ist die große Nähe zu den Arbeiten des „Wiener Kreises" bei gleichzeitiger Betonung der Eigenständigkeit, ja Gegnerschaft dieser Richtung gegenüber. Dieses Bewußtsein der Kritik gegenüber dem logischen Empirismus geht so weit, daß Popper im Rückblick von sich selbst sagt, daß er den Positivismus gleichsam eigenhändig umgebracht habe (A 121). Aber wie kam Popper zu dieser Position? Von welchen Überlegungen ging er aus? Aus welchen Traditionen konnte er für die Entwicklung seiner Position Rüstzeug bekommen? In der *Logik der Forschung* erfahren wir fast nichts darüber. Poppers erstes Manuskript jedoch, das er in den Jahren 1930–33 verfaßte und aus dem durch Kondensation schließlich 1934 die *Logik der Forschung* hervorging, gibt uns hierüber Aufschluß. Von diesem umfangreichen Manuskript ist allerdings nur eine Hälfte erhalten geblieben, die erst 1979 unter dem Titel *Die beiden Grundprobleme der Erkenntnistheorie* veröffentlicht wurde (herausgegeben von T. E. Hanssen). Dort nun ist die Berufung Poppers auf die Tradition des Kantianismus der auffälligste Punkt; sowohl in begrifflicher, in methodischer, wie in positioneller Hinsicht beruft sich Popper dort auf Kant, und er widmet der Interpretation bestimmter Passagen aus Kants „Kritik der reinen Vernunft" lange Abschnitte.

Von diesem Manuskript her läßt sich Poppers Stellung zum „Wiener Kreis" analog zu der Stellung von Kant zu Hume verstehen; Poppers Auseinandersetzung mit dem „Wiener Kreis" besteht in einer Wiederholung der Argumentation, die Kant gegen Hume entwickelt hatte. Das deckt sich mit einer

Bemerkung Poppers in seiner Autobiographie; er sagt dort an einer Stelle: „Ich dachte damals, daß meine Kritik am Wiener Kreis lediglich darauf zurückzuführen sei, daß ich Kant gelesen und einige seiner Hauptpunkte kritisch verstanden hatte." (A 113f) Das Kantverständnis Poppers ist aber ausgesprochen neukantianisch gefärbt, wie man sehen kann, und das ist von größter Bedeutung.

Für den Neukantianismus insbesondere der Marburger Schule bestand die zentrale Bedeutung Kants in der transzendentalen Grundlegung der wissenschaftlichen Erfahrung. Diese freilich war exemplifiziert in der Mechanik Newtons, der fortgeschrittensten Form der wissenschaftlichen Theoriebildung. Die neukantianische Akzentuierung der theoretischen Philosophie brachte die Entdeckung des *Newtonianismus* in Kants Erfahrungstheorie, von dem man sich durch eine bereinigte Darstellung der transzendentalen Methode zu befreien suchte. M. Schlick wie R. Carnap hatten ihre Erstlingsschriften im Umfeld des Neukantianismus angesiedelt. Für sie, wie für viele andere Wissenschaftstheoretiker dieser Zeit war aber die Entdeckung von Kant als Newtonianer genau der Gesichtspunkt, unter dem sie sich von seiner Philosophiekonzeption insgesamt distanzieren konnten, nicht nur von der bestimmten Version, in der Kant sie aufgrund seiner Zeitabhängigkeit ausgeführt hatte. Sie gingen bewußt auf Hume und Locke zurück, deren empiristisches Programm sie mit Hilfe der durch Russell und Frege verbesserten Mittel der formalen Logik einzulösen suchten. Gegenüber diesem sich vor allem auf Hume beziehenden Neo-Empirismus bezieht Popper Position: „Aber gegenüber der modernen Geringschätzung Kants möchte ich schon hier betonen, daß Kants *Problemstellung*, seine *Methode* und auch sehr wesentliche Teile seiner *Lösungen* in dieser Arbeit vertreten werden sollen." (GE 18)

Das ist eine erstaunlich umfangreiche Übernahme von Kantischer Philosophie, bei der am meisten wohl die positive Berufung auf die Methode überrascht. Denn wenn man von irgendeiner Methode sagen kann, daß sie einer rechtfertigenden Haltung zuzuordnen sei, dann von der transzendentalen; soll sie doch zeigen, „wie bestimmte Erkenntnisse möglich sind"; d.h. die transzendentale Methode ist eine Methode der Sicherung bestimmter Geltungsansprüche, sie ist justifizierend. Popper glaubt aber, durch seine kritische Einstellung Antipode der meisten Erkenntnistheorien zu sein. Popper nimmt in seinem Erstling jedoch die transzendentale Methode in einem eindeutig positiven Sinn auf: „Es gibt eine spezifisch erkenntnistheoretische Methode, also eine *transzendentale Methode;* [...] eine Methode, die, richtig gehandhabt, nicht nur völlig *unbedenklich* ist, sondern geradezu *unvermeidlich;* eine Methode, von der wohl *jeder* Erkenntnistheoretiker (seit Kant) mehr oder weniger bewußt Gebrauch gemacht hat." (GE 57) – Aber auch die Aufgabenstellung selbst gewinnt bzw. formuliert Popper im Blick auf die Einteilung der Kritik der reinen Vernunft. Zwar ist der Titel „Die beiden Grundprobleme der Erkenntnistheorie" verbatim eine Anspielung auf Schopenhauers „Die beiden Grundprobleme der Ethik" (1841). Aber in der Sache steht die Einteilung der *Kritik der reinen Vernunft* in Analytik und Dialektik dahinter: „Kants Kritik der reinen Vernunft sucht [...] im wesentlichen dieselben Fragen zu lösen, die ich als die erkenntnistheoretischen Grundprobleme bezeichnet habe: Die ‚transzendentale Analytik' ist der Bearbeitung des Induktionsproblems [...] gewidmet, die ‚transzendentale Dialektik' dem Abgrenzungsproblem." (GE 17) Popper bezeichnet das erste, das Induktionsproblem, auch als das Hume-Problem, das zweite, das Abgrenzungsproblem, auch als das Kant-Problem.

Die Grenzziehung zwischen Wissenschaft und Metaphysik betrachtet Popper als die grundlegendere Aufgabe, und er sieht sich mit den Positivisten darin einig, daß auch sie eine Antwort auf das Kant-Problem suchen, wenn auch mit anderen Mitteln.[1] Poppers Einleitung von 1978 ist besonders aufschlußreich für das Kantverständnis Poppers. Er bemerkt: „Kants Frage ist nur so zu verstehen, daß er, vom Humeschen Skeptizismus ausgehend, die Existenz der Newtonschen Physik als paradox empfand." Und: „Die Existenz von Newtons Mechanik ist für einen Skeptiker paradox; und sie führt direkt zu der Frage: [...] Wie ist es möglich, daß eine solche Wissenschaft existiert?“ (GE XVII)

Das Faktum der Erkenntnis, insbesondere wie es in Mathematik und Physik manifest ist, wird also hier in seiner Schlüsselstellung erkannt, um die transzendentale Frage auf den Weg zu bringen, wie es auch die Neukantianer getan hatten. Das Programm der kritischen Philosophie läßt sich mithin durch die Stadien verfolgen: „Wie ist reine Mathematik möglich?“, „Wie ist reine Naturwissenschaft möglich?“. In der Beantwortung der Frage „Wie sind synthetische Urteile a priori möglich?“ – wo Kant der Vernunft Erkenntnisakte vor aller Erfahrung zutraut – erkennt auch Popper das Herzstück der Kantischen Wissenschaftsphilosophie, und in der sog. kopernikanischen Wendung – wo Kant das endliche Subjekt zum Prinzip objektiver Erkenntnis erhebt – eine unverlierbare Einsicht Kants. Das ist eine überraschende Feststellung für den Popper von 1978, der sich doch als vehementer Gegner des Subjektivismus in der Epistemologie versteht.

An fünf Punkten kann man den Einfluß der kantisch-neukantianischen Philosophie auf Popper sehen: (1) an der Methode, (2) der Transzendenz der Darstellung, (3) dem Fiktionalismus, (4) den regulativen Ideen, (5) den Antinomien.

(1) Würde man als erkenntnistheoretische Methode allein die formale Logik gelten lassen, dann könnte man keine Theorie über den Aspekt der Widerspruchsfreiheit hinaus kritisieren. Kants transzendentale Methode bietet nach Popper die Möglichkeit der immanenten Kritik, die über das bloß Formale hinausgeht. Ihre Besonderheit liegt darin, daß man sich damit auf „die Tatsache des *Bestehens der empirischen Wissenschaft* beruft, vor allem auf die von den empirischen Wissenschaften tatsächlich verwendeten *Methoden* der Überprüfung und Rechtfertigung ihrer Ergebnisse“. (GE 57) Mehr als nur formale Stimmigkeit ist gefragt, denn die Aufgabe des Erkenntnistheoretikers ist es, dem tatsächlichen Erkenntnisverfahren Rechnung zu tragen in einem Sinn, wie es die Aufgabe des Naturforschers ist, den tatsächlich in der Natur vorliegenden Verhältnissen Rechnung zu tragen. Die transzendentale Methode ist für

Popper mithin „ein Analogon zur empirischen Methode; und die Erkenntnistheorie verhält sich zur Naturwissenschaft ähnlich wie diese zur Erfahrungswelt." (GE 57) Mit dieser Auffassung von transzendentaler Methode beruft sich Popper nicht nur auf Kant selbst; wir haben hier vielmehr eine Stelle, an der er sich explizit in eine stattliche neukantianische Linie einordnet; er zitiert Külpe, Natorp, Cohen, Riehl, Schuppe, Wundt und Rehmke. (GE 58).[2]

Ziel der transzendentalen Methode ist es, die Elemente und Bedingungen subjektiver Erkenntnis daraufhin zu überprüfen, ob überhaupt und inwieweit sie objektive Erkenntnis zulassen, bzw. konstituieren. In den Beweisen, die Kant in der 2. Auflage der *Kritik* den Grundsätzen des reinen Verstandes voranstellt, sieht Popper das Zentrum der „transzendentalen Deduktion"; denn hier formuliert Kant die Bedingungen möglicher Erfahrung, die zugleich einen Begriff der Natur als Bereich der Gegenstände möglicher Erfahrung konstituieren.

(2) Nun hatte Hume bestritten, daß ein Wissen von allgemeinen Naturgesetzen möglich sei; denn induktive Generalisierungen, d.h. der Übergang von den einzelnen Erfahrungen zu ihrer allgemeinen Behauptung, seien durch keine logische oder erfahrungswissenschaftliche Methode oder Regel gedeckt, sie seien nur Resultat subjektiver Gewohnheit. Insbesondere entspreche der kausalen Wenn-Dann-Verknüpfung, wie wir sie in der Formulierung der Naturgesetze beanspruchen, nichts in Wirklichkeit, es handele sich nur um eine Assoziation von Ideen im Subjekt. – Popper macht sich nun den Schritt zu eigen, mit dem Kant auf Humes Herausforderung reagiert hatte: nicht nur Aussagen von allgemeiner und notwendiger Geltung implizieren Annahmen von der Art, die Hume bestreitet; sondern *jegliche* Erfahrung, d.h. insbesondere auch *singuläre* Erfahrung, setzt Annahmen über allgemeine Gesetze voraus. Laut Popper weist Kant nach, „daß alle wissenschaftliche Objektivität das Bestehen von *Gesetzmäßigkeiten voraussetzt*, gleichgültig, ob die betreffende Erkenntnis die Darstellung einer *besonderen* Beobachtung ist oder die Formulierung eines Naturgesetzes, einer streng allgemeinen Wirklichkeitsaussage". (GE 66) Kants

Entdeckung, „daß *jede Wirklichkeitserkenntnis*, daß die ‚Möglichkeit der Erfahrung', daß die *Objektivität des Erkennens auf dem Bestehen von Gesetzmäßigkeiten beruht*", wird von Popper nicht nur festgehalten, sondern Grundlage seiner These von der „Transzendenz der Darstellung". Mit diesem Ausdruck wendet sich Popper gegen die erkenntnistheoretische Position des Positivismus, die Schlick als eine „Immanenzlehre" bezeichnet hatte. Es geht dabei um den Begriff und die Rolle einer Berufung auf das *unmittelbar Gegebene* als Grundlage allen Wissens. Sofern diese Immanenzthese auch der Kritik Humes zugrunde lag, sehen wir hier Popper in seiner Wendung gegen Schlick als Wiederholung der Kant-Kritik an Hume.[3] Die Immanenzthese zeichnet nicht nur Sinnesdaten als Grundlage legitimer Erkenntnisansprüche aus, sie verlangt auch die Beschränkung von Behauptungen auf das Feld des unmittelbar Erfahrbaren. Das von Schlick formulierte positivistische Ideal verlangte, „überhaupt bei dem schlechthin Tatsächlichen stehen zu bleiben, Denkzutaten ängstlich zu vermeiden und es einfach bewenden zu lassen bei der bloßen Beschreibung des Vorhandenen durch Urteile, ohne Hypothesen hinzuzufügen". (GE 45).

Eine solche Beschränkung aufs Gegebene ist freilich ein Unding, wenn man zugleich daran festhält, die naturwissenschaftliche Erkenntnisweise rekonstruieren zu wollen. Jede genuine Erkenntnis, so Poppers These, schließt Transzendenz ein, wobei man eine Transzendenz der Darstellung und eine Transzendenz der Verallgemeinerung unterscheiden kann. Erstere bezieht sich auf Erfahrbares, das zwar im Moment nicht unmittelbar gegeben ist, aber im Prinzip vergegenwärtigbar ist; letztere bezieht sich auf eine Allgemeinheit, die prinzipiell nicht verifizierbar ist, und damit eine Gefährdung des empiristischen Prinzips bedeutete. Gerade am Aspekt der Transzendenz liegt jedoch die eigentümliche Leistungsfähigkeit der Naturgesetze, die an ihrer Rolle in Prognostik und Erklärung deutlich wird. Die Transzendenz der Naturgesetze erschöpft sich nicht darin, daß hier über die beobachteten auf die nicht-beobachteten Fälle hinausgegangen wird; vielmehr ist ihre eigentliche Leistung darin zu sehen, daß sie zur Prognose neuartiger Effekte taugen, d.h. daß sie sogar in Phänomenbereichen, in denen noch gar nicht experimentiert wurde, überprüfbare Konsequenzen haben können und damit heuristischen Wert haben. Die Transzendenz ist also nicht zugunsten einer Immanenz aufzugeben, sondern zu rechtfertigen: „Die Aufgabe der transzendentalen Deduktion kann man nun direkt so formulieren, daß sie die Transzendenz der Darstellung überhaupt in ähnlicher Weise analysieren muß, wie Hume es mit der Transzendenz der Verallgemeinerung getan hat." (GE 64) Indem aber Kant gezeigt hat, daß die Voraussetzungen für singuläre Wirklichkeitsaussagen schon so stark sind wie für universale, ist, meint Popper, die Transzendenz der Verallgemeinerung zurückgeführt auf die der Darstellung überhaupt.

(3) Erfahrung, auch singuläre, impliziert Gesetzmäßigkeit, und Kant glaubt, a priori die Form dieser Gesetzmäßigkeit deduzieren zu können. M.a.W.: Kant hat angenommen, daß Erfahrung unter allen Bedingungen möglich sei. Da es de facto Erfahrung gibt, scheint die Rede von der möglichen Erfahrung unproblematisch. In dieser Anerkennung liegt aber ein unaufhebbar faktisches Moment, und die These, daß jederzeit Erfahrung möglich sei, ist kein analytischer Satz.

Popper bestreitet also die von Kant in Anspruch genommene Möglichkeit, einen Beweis a priori für die allgemeinsten Naturgesetze liefern zu können. Er gibt aber diese Position auch nicht völlig auf, sondern macht eine Anleihe bei dem Neukantianer H. Vaihinger. Wir bedürfen, sagt Popper, keines Beweises a priori, daß es tatsächlich eine allgemeine und notwendige Form der Gesetzmäßigkeit gebe; es genügt die *Unterstellung* dieser Form, es genügt ihre hypothetische Annahme, es genügt eine Vorgehensweise, *als ob* ... (GE 78) Popper übernimmt damit eine neukantianische Position, die man als „Fiktionalismus" bezeichnet, eine Bezeichnung, die auch Popper benutzt. In der neuen Einleitung hat sich Popper explizit vom Fiktionalismus Vaihingers abgesetzt und es als einen „Fehler" verbucht, sich nicht deutlicher von Vaihinger distanziert zu haben. (GE XXVI)

Das Motiv für diese Klarstellung oder Zurücknahme liegt auf der Hand. Vaihingers Fiktionen können weder wahr noch falsch sein. Eine Position, nach der die allgemeinen Naturgesetze jedoch einen Status hätten, der sie von der Wahrheitsfähigkeit ausschlösse, wäre für Popper unakzeptabel, ging doch die Auseinandersetzung mit den Positivisten vor allem um die „Scheinsatzposition", wie sie von Wittgenstein und Schlick entwickelt worden war. Aus der Nichtverifizierbarkeit hatte man die Konsequenz gezogen, die Naturgesetze nicht als Propositionen, sondern als Ableitungsregeln aufzufassen. Auch wenn sie grammatisch ununterscheidbar von normalen Sätzen sind, darf man sie doch nicht als Sätze, die wahr oder falsch sein können, auffassen. Naturgesetze sind „Scheinsätze" und eigentlich Regeln, die für Erklärungen und Prognosen eine bestimmte Rolle spielen. Die Auffassung von den Naturgesetzen als Scheinsätzen steht ihrerseits dem Fiktionalismus Vaihingers sehr nahe; denn auch die Philosophie des Als Ob hatte die These vertreten, das Gesetz sei nur „ein *Hilfsausdruck* für die Gesamtheit der Relationen unter einer Gruppe von Erscheinungen", bzw. sprach vom Gesetz als „summatorische Fiktion".[4] Es ist nicht das Fiktionale, von dem sich Popper distanziert, vielmehr wird anerkannt an Vaihinger, daß „er die Wichtigkeit der heuristischen Fiktionen betont: Die Naturgesetze sind *heuristische Fiktionen* [...]". (GE 325) Aber diese Fiktionen können nach Popper im Prinzip wahr oder falsch sein, auch wenn wir nie definitiv herausfinden werden, welches der Fall ist.

Aber Popper verdankt Vaihinger nicht nur einen wichtigen Begriff, um den Status der Naturgesetze zu bestimmen. Gerade die Befreiung vom Apriorismus Kants gelingt durch Adoption der Figur des „als ob". Sagt Popper: „Lehnt man die synthetisch-apriorische Wendung der ‚transzendentalen Deduktion' ab, so darf man den Ausdruck ‚Gesetzmäßigkeit' *in der ganzen Schlußkette* nur im Sinne der ‚Als-Ob-Gesetzmäßigkeit' auffassen." (GE 72) Der Grundposition von Kants transzendentalem Idealismus, ausgedrückt in der Formel der kopernikanischen Wendung, konnte durchaus im Rahmen der Als-Ob-Betrachtung Rechnung getragen werden; bedeutet ‚fingere' doch das aktive, freie Gestalten, Bilden, Bearbeiten, wobei der Akt vor dem Produkt den Vorrang hat. Auch Vaihinger hatte diesen Sinn, nicht etwa das Moment des Irrealen, mit dem Term Fiktion verbunden.[5] Popper hat für seine modifizierte Kant-Position, die zwischen Scheinsatz- und Normalsatzposition hindurchzukommen sucht, den Namen „Hypothetismus" gewählt (GE 8), den er aber später nicht beibehielt. Dieser Ausdruck zeigt aber genau, wo Popper im Fiktionalismus seinen Akzent anbringt, den er später unter dem Titel von „Conjectures and Refutations" entwickelte. Allgemeine Wirklichkeitsaussagen sind so immer vorläufige Annahmen, Vermutungen, Antizipationen. Sie gehen mithin den singulären Erfahrungen vorher, sind in dem Sinn „a priori", können aber nie a priori als wahr erwiesen werden, wie das Kant beansprucht hatte. Sie lassen sich auch niemals a posteriori als wahr erweisen, sie sind nicht verifizierbar. Das zwingt aber nicht, die propositionale Auffassung von den Naturgesetzen aufzugeben; denn sie sind einseitig entscheidbar, sie können sich a posteriori als falsch erweisen. Allgemeine Gesetze sind aufgrund ihrer beobachtbaren Konsequenzen falsifizierbar.

Kants kopernikanische Wendung stand unter der Maxime, daß der Verstand der Natur die Form ihrer Gesetzlichkeit a priori vorschreibe. Popper versteht diesen präskriptiven Schritt als einen Versuch, der keine Erfolgsgarantie für sich hat. Solche Versuche bleiben kontingent und stehen unter empirischen Bedingungen der Geltung. Nicht ihre apriorische Sicherung, sondern das empirische Scheiternkönnen wird zum Signum ihres Status. Popper rettet von Kants Konstitutionstheorie der Erfahrung den antiinduktivistischen Ansatz und behauptet ebenfalls die Priorität der allgemeinen Wirklichkeitsaussagen gegenüber jeder möglichen Erfahrung. Kants These von der Apriorität der Gesetzesform der Natur wird bei Popper transformiert in die These von der Priorität der universalen Gesetzesaussagen, die zwei Ausformungen annimmt, einmal in der Transzendenz der Darstellung, zum andern in der Theoriebeladenheit der Beobachtung.

(4) Kants Doktrin vom regulativen Gebrauch der Ideen hat Popper am uneingeschränktesten gutheißen können, wie er all-

gemein der Dialektik der Kritik, in der er das Kant-Problem traktiert sah, mehr Positives hat entnehmen können. Popper kann sich keine bessere Bekundung seines „Bekenntnisses zu Kant" denken, als eine längere Passage zu zitieren, die er gerne als Motto vor seine ganze Arbeit gesetzt sähe (GE 320).

Es sind zwei Gesichtspunkte, die Popper von hierher gewinnt: der eine betrifft eine konkrete Einsicht zur Methodologie, daß nämlich im Rahmen empirischer Forschung metaphysische Vorstellungen (Ideen) eine Leitfunktion übernehmen können, ja daß empirische, auf Progreß orientierte Forschung überhaupt nicht ohne solche vorstellbar ist; der andere betrifft seine Auffassung von Metaphysik und läßt ihn streng zwischen dem Sinnkriterium und dem Abgrenzungskriterium unterscheiden. Denn wenn genuin metaphysische Vorstellungen eine unverzichtbare Rolle im Rahmen empirischer Forschung innehaben, dann können sie nicht schon qua metaphysische sinnlos sein. Prima facie scheint die Dialektik ja eher die Position der logischen Empiristen zu stützen; die Produktion von Paralogismen und Antinomien im Felde reiner Vernunft stützt eher einen Immanenzstandpunkt. Allein, über die „regulative Funktion" kommt das Positive der Dialektik in den Blick. Die regulativen Ideen stellen Regeln höherer Stufe dar: sie beziehen sich nicht auf die Verknüpfung der Objekte per se, sondern auf unseren Verstandesgebrauch im Felde möglicher Erfahrung. Sie halten den Verstand an, nicht vorzeitig mit seinen Untersuchungen innezuhalten. Psychologisch gesprochen, sind sie der „Stachel wider die faule Vernunft", methodologisch gesprochen, Vorstellungen der vollständigen Erfassung eines Wissensgebietes. Die Vorstellung vom durchgängigen Zusammenhang, von der „Kontinuität der Natur" wäre eine solche Idee, die z.B. den Biologen anhält, nach Zwischengliedern der evolutionären Entwicklung zu suchen. Solche Vorstellungen sind nicht konstitutiv für die Gegenstände, sondern von heuristischem Wert für die Forschung. Der Gebrauch solcher Begriffe ist nur problematisch oder hypothetisch. Er wird *unterstellt*, um Progreß zu ermöglichen. Kant sagt: „Der hypothetische Vernunftgebrauch geht also auf die systematische Einheit der Verstandeserkenntnisse, diese aber ist der Probierstein der Wahrheit der Regeln. Umgekehrt ist die systematische Einheit (als bloße Idee) lediglich nur *projektierte* Einheit, die man sich nicht als gegeben, sondern nur als Problem ansehen muß; welche aber dazu dient, zu dem mannigfaltigen und besonderen Verstandesgebrauche ein Principium zu finden, und diesen dadurch auch über die Fälle, die nicht gegeben sind, zu leiten und zusammenhängend zu machen." (KrV B 675) Popper hat diese Stelle nicht zuletzt deshalb gewählt und geschätzt, weil hier der Wahrheitsbegriff in einem bestimmten Sinn erwähnt wird. Die Einheit nämlich, die im Felde der Erfahrungserkenntnis zustande gebracht wird, wird als Probierstein der Wahrheit der Regeln bezeichnet. Empirische Forschung bewegt sich auf ein Ziel zu, das Popper als die *eine und wahre* Theorie bezeichnet. Wahrheit wird für ihn eine regulative Idee, als solche jedoch unverzichtbar. Das führt schließlich auf Poppers Konzeption der Verisimilitudo, der Wahrheitsähnlichkeit von Theorien (vgl. Kap. II.5). Den heuristischen Aspekt der regulativen Ideen hat Popper schließlich in den fünfziger Jahren ausgebaut zu seinem Konzept der „metaphysischen Forschungsprogramme" (s.u. S. 67ff).

(5) Kants Lehre von den Antinomien wird von Popper ebenfalls positiv übernommen und weiterentwickelt. Daß reine Vernunft im Gebrauch ihrer Begriffe ohne Bindung an mögliche Erfahrung notwendigerweise antithetisch wird, ist auch für Popper eine ausgemachte Sache. Reine Vernunft kann mit derselben Glaubwürdigkeit für eine Behauptung eintreten wie für deren Negation. Sich von den Restriktionen der Erfahrung freigemacht zu haben, ist somit für die Erkenntnis kein Vorteil, sondern ein Mangel. Empirische Unwiderlegbarkeit ist kein Indiz der Wahrheit, sondern des Verlusts der Entscheidungsmöglichkeit bezüglich Wahrheit und Falschheit. Das hält Popper fest. Während allerdings Kant die Antinomien streng nach der Tafel der Kategorien konstruierte, ist Popper hier freier. Popper konstruiert eine weitere Klasse von Antinomien, die er epistemologische Antinomien nennt. Beispiele sind der Gegensatz von Idealismus und Realismus in der Erkenntnistheorie, der von Konventionalismus und Empirismus oder auch solche

Einstellungen wie ein erkenntnistheoretischer Optimismus gegenüber einem Pessimismus (Skeptizismus). Von all diesen Positionen sagt Popper, daß sie konsistent entwickelbar seien und empirisch unwiderlegbar – allerdings auch unbeweisbar. Sie alle geben mithin Anlaß zu unentscheidbaren Antinomien. Selbst für die These von der Erkennbarkeit der Welt läßt sich nach Popper eine solche Antinomie konstruieren; denn diese Position hängt ab von der Annahme, daß allgemeine Regularitäten vorliegen, was sich aber nicht a priori beweisen läßt.

Da Kants transzendentaler Idealismus die These von der Erkennbarkeit der Welt, eingeschränkt zwar auf die Welt der Erscheinungen, einschließt, wendet hier Popper das Instrument der Antinomie gegen Kant selbst. Der Aufweis der Antinomie der Erkennbarkeit der Welt wird zu einem wichtigen Element der Kritik Poppers am Apriorismus.

Allerdings ist Popper nicht bei dieser Position stehengeblieben. Obwohl er in seinem Erstling die epistemologischen Antinomien für unentscheidbar erklärte, hat er später für ganz bestimmte Ismen optiert und behauptet, solche Option rational ausweisen zu können (GE 79, Anm. *2). Wie immer es um diese Fortführungen stehen mag, Popper hat jedenfalls in der Erstlingsschrift die fundamentale Bedeutung des Antinomienkapitels der *Kritik* darin gesehen, daß hier prinzipiell die kognitiven Ansprüche eines reinen Vernunftdenkens demoliert sind und damit der Empirismus (hier in einem sehr weiten Sinn zu nehmen) gerechtfertigt wird.

Die Aufwertung und Fortführung der Dialektik, insbesondere des Stückes über den regulativen Gebrauch der Ideen, sieht Popper ganz offensichtlich in der Nachbarschaft des Neukantianismus. E. Cassirer z. B. arbeitet an einer methodologischen Wendung der Transzendentalphilosophie und wertet die regulative Funktion der Ideen auf, ja sucht die „Analogien der Erfahrung" im Sinne der regulativen Funktion umzudeuten.

Die innere Verwandtschaft Poppers zum Neukantianismus kommt besonders auffällig in seiner programmatischen Forderung zum Ausdruck: „Der Faden der erkenntnistheoretischen Diskussion [muß] dort wieder angeknüpft werden, wo ihn die nachkantische Metaphysik abgerissen hatte: bei Kant." (GE 321) – So hatte auch Otto Liebman sein für den Neukantianismus programmatisches Buch „Kant und die Epigonen" mit dem Ruf enden lassen: „Es muß also auf Kant zurückgegangen werden."

Poppers dezidierte Gegnerschaft zur Philosophie des „Wiener Kreises" und das Bewußtsein seiner starken Position gegen sie hängen an dem Selbstverständnis einer Wiederholung der Kantkritik an Hume mit veränderten Mitteln. Sein Ziel ist der Aufweis des „positivistischen Grundwiderspruchs", der nichts anderes als die Unvereinbarkeit von positivistischer und transzendentaler Denkweise meint. Popper sagt: „Die Kritik des Logischen Positivismus, die unter den Kritiken dieser Arbeit die Hauptrolle spielt, wird die Unvereinbarkeit positivistischer und transzendentaler Tendenzen erweisen: den *positivistischen Grundwiderspruch*." (GE 59) In aller Deutlichkeit: „Was Kant gegen Hume einwendet, ist ebendasselbe, was hier gegen den strengen Positivismus eingewendet wurde." (GE 59) Popper bedient sich nicht nur der Kantischen Begriffe, um das Dilemma des Positivismus aufzuzeigen, er zieht auch Kant bei, um es zu lösen; d.h. mit der Scheinsatzposition, der Unerkennbarkeit der allgemeinen Sachverhalte fertig zu werden: „Die ‚Antinomie von der Erkennbarkeit der Welt' löst sich durch die Anerkennung des Grenzcharakters der unerkennbaren allgemeinen Sachverhalte ebenso auf wie Kants Antinomien durch Anerkennung des Grenzcharakters des unerkennbaren Dings an sich (durch den transzendentalen Idealismus)." (GE 315).

Das Ausmaß der Anleihen bei Kant, die Nähe zu Positionen des Neukantianismus sind offenkundig. Dennoch wäre es falsch, Popper einfach zur Schule des Neukantianismus zu rechnen; entwickelt er doch eine neue, eigenständige Version nachkantischer Philosophie.

Popper bezeugt hier, in wie unterschiedlichen Versionen die Gedanken Kants im Umfeld wissenschaftstheoretischer Fragestellungen präsent waren, so daß die Vermutung nicht unberechtigt erscheint, daß dermaleinst, wenn mit genügend großem Abstand die Geschichte der wissenschaftlichen Philosophie geschrieben wird, sie als eine Geschichte des Neu-Kantianismus erscheint, in der die sogenannten neukantianischen Schulen nur Varianten neben anderen darstellen. Jedenfalls wäre es falsch, Popper eine Kant-Erbschaft nur hinsichtlich Aufklärung und autonomer Sittlichkeit attestieren zu wollen; sie ist im Bereich der theoretischen Philosophie von gleicher Dominanz. Auch wenn manches später zurückgetreten ist, so ist es um so offensichtlicher für den Anfang Poppers.

2. Logik der Forschung, Erklärung und Falsifizierbarkeit

Der Titel „Logik der Forschung" gibt leicht Veranlassung zu Mißverständnissen. Man könnte meinen, daß damit ein Vorhaben eingelöst werden sollte, das die Methodologen des 17. Jahrhunderts unter dem Titel Heuristik oder Entdeckungslogik gesucht hatten: Sie verstanden darunter eine Klasse von Regeln, deren Befolgung zur Entdeckung neuer Sachverhalte führen sollte. Optimistische Erwartungen gingen dahin, einen Algorithmus, gleichsam ein Kochrezept, zur Produktion neuer Erkenntnisse entwickeln zu können. Popper meint jedoch nichts derartiges. Im Gegenteil, es gibt keine Entdeckungslogik. Popper trennt streng zwischen dem genetischen und dem geltungsmäßigen Aspekt der Forschung: *wie* wir zu neuen Einsichten kommen, welche Erwägungen oder auch „Regeln" uns auf die Erkenntnisse des Neuen brachten, das hat nichts mit der Frage der Geltung oder der Richtigkeit zu tun. Hinsichtlich der letzten Frage kommt es allein auf die Evidenz an, die wir für eine Behauptung anführen können. Hans Reichenbach hat für diesen Punkt später die Formulierung gefunden, die seitdem zitiert wird: er sprach von der Abtrennung zweier Kontexte, des Kontexts der Entdeckung (discovery) und des Kontexts der Rechtfertigung (justification). Der rationalen Rekonstruktion zugänglich ist allein der Kontext der Rechtfertigung, oder wie Popper vorzieht zu sagen, der Kontext der Prüfung. Hingegen ist der Kontext der Entdeckung durch subjektive, nicht zu rationalisierende Momente der Kreativität geprägt, für den allenfalls eine Psychologie zuständig sein könnte.

Die These von der Trennung der beiden Kontexte und der Einschränkung der wissenschaftlichen Rationalität auf den Kontext der Prüfung teilt Popper mit den logischen Empiristen. Popper hat dadurch mitgeholfen, einen Begriff von Wissenschaft zu propagieren, der die historische Dimension abblendet, auch wenn seine eigene Konzeption von Anfang an das Moment des Wachstums der Erkenntnis, die Orientierung auf Progreß, favorisiert hat. Es hat aber sehr lange gedauert, bis das Moment der Dynamik in der Wissenschaft gegenüber der statischen Rekonstruktion des Rechtfertigungskontexts als zentrale Problemstellung anerkannt wurde, was durchaus wiederum in Anknüpfung an Poppers Methodologie der Theorienverwerfung und dem darin liegenden Moment der Innovation erfolgte, wie wir später sehen werden.

a) Logik der Erklärung

Das Ziel der Wissenschaft ist nach Popper die Suche nach Erklärungen. Eine Erklärung besteht in der Angabe von Gründen bzw. Ursachen für das Eintreten eines Ereignisses oder das Bestehen einer regelmäßigen Abfolge von Ereignissen. Wir wollen z.B. erklären, warum dieses Kupfer sich ausdehnt, wenn es erhitzt wird, oder warum der Sternenhimmel eine Drehung vollführt. Die Antworten auf solche Warum-Fragen, die wir als wissenschaftliche Erklärungen kennzeichnen, zeigen ein bestimmtes Muster.

Eine Erklärung besteht in der logischen Ableitung eines Satzes, der das zu Erklärende beschreibt, aus einer Klasse von Sätzen, den Prämissen. Als Prämissen müssen dabei immer zwei Aussagetypen vorkommen: allgemeine Gesetzesaussagen und singuläre Sätze, die die sog. Randbedingungen beschreiben. Wir würden z.B. im ersten Fall eine Erklärung liefern mit einem allgemeinen Gesetz „Metalle dehnen sich aus bei Erwärmung" und den speziellen Angaben, daß Kupfer ein Metall ist, es sich im vorliegenden Fall um Kupfer handelt, und daß es de facto erwärmt wird. Aus diesen Sätzen als Prämissen folgt logisch der zu erklärende Satz. Dieses einfache Schema der Erklärung hat in der Folge zu vielen Untersuchungen Anlaß gegeben, die aber diesen Ansatz selbst nicht in Frage stellen, sondern ausbauen.[6]

Diese Form des Erklärens ist streng zu unterscheiden von dem traditionellen Verständnis, nach dem die Erklärung in der Rückführung der „Phänomene" auf die eigentlichen Konstituentien des Wirklichen, auf eine „hinter den Phänomenen verborgene Schicht des Realen" besteht. Diese „metaphysische Erklärung" ist dem wissenschaftlichen Muster gegenüber so unangemessen wie die „psychologische", nach der die Erklärung in der Rückführung des Unbekannten auf Bekanntes bestehen soll. Vielmehr ist mit dem wissenschaftlichen Erklärungsschritt nichts anderes gemeint als der formale Ableitungsschritt, der von der Prämissenklasse (Explanans) zum Explanandum-Satz führt. Popper hat diese Grundskizze einer „Logik der Erklärung" benutzt, um seine Methodologie der Erfahrungswissenschaft zu entwickeln. Seine Idee ist die folgende: wir können jeden Erklärungsschritt auch auffassen als eine Überprüfung der in der Erklärung benutzten Gesetzesaussagen. Die Überprüfung singulärer Sätze, in denen das Vorliegen ganz bestimmter Sachverhalte behauptet wird, wird durch Beobachtung möglich sein. Für Gesetzesaussagen, die als uneingeschränkte Allaussagen formuliert sind, ist eine vollständige Überprüfung durch Beobachtung ausgeschlossen; wir können unmöglich alle Instanzen eines Naturgesetzes durchgehen, um festzustellen, ob es sich wie im Gesetz behauptet verhält.

Für die Empiristen entsteht hier folgendes Problem: Wenn Naturgesetze genuine Allaussagen sind, dann können auch noch so zahlreiche Einzelbeobachtungen, selbst wenn sie positiv ausfallen, also ausnahmslos Bestätigungen des Gesetzes sind, nicht dessen Gültigkeit zeigen. Eine „induktive Logik", ein „Induktionsprinzip", sollte den Verallgemeinerungsschritt erlauben. Aber der Status dieses Prinzips erweist sich als problematisch. Das „Induktionsprinzip", das für die Zulässigkeit eines derartigen Schlusses heranzuziehen wäre, kann kein Prinzip der formalen Logik sein, denn es bezieht sich auf die Wirklichkeit. Es kann auch kein erfahrungswissenschaftlich gewonnenes Prinzip sein, da es ja gerade für die Gewinnung empirisch-wissenschaftlicher Allaussagen schon vorauszusetzen wäre. Wollte man es gleichwohl auf Erfahrung einer höheren Stufe gründen, so müßte man wieder ein Induktionsprinzip höherer Stufe annehmen und käme mithin in einen infiniten Regreß. Das Induktionsproblem ist seit Humes Tagen der Pfahl im Fleisch jedes Empiristen. Ohne ein Induktionsprinzip schien eine Rekonstruktion der Erfahrungswissenschaft unmöglich, mit einem Induktionsprinzip war aber die Position des Empirismus verlassen.

Popper, der das Induktionsproblem als ein Grundproblem der Erkenntnistheorie anerkannte, liefert eine reine negative Lösung: Weder gibt es so etwas wie ein Induktionsprinzip als Teil einer induktiven Logik, noch bedürfen wir eines solchen Prinzips, um eine Rekonstruktion erfahrungswissenschaftlicher Erkenntnis geben zu können. Eine solche Rekonstruktion läßt sich nach Popper in ausschließlichem Rückgriff auf Mittel der deduktiven Logik liefern. Empirismus und Induktivismus werden also von Popper entkoppelt; man kann Empirist sein, ohne ein Induktionsprinzip zu adoptieren. Wie ist das möglich?

b) Falsifizierbarkeit

Die wissenschaftliche Aktivität, die auf Erklärungen aus ist, besteht im Kern in einem Testen der für Erklärungen unerläßlichen Gesetzesaussagen. Dazu ist es nötig, *überprüfbare Konsequenzen* aus der Annahme solcher Gesetze abzuleiten und festzustellen, ob sie de facto zutreffen oder nicht. Solche überprüfbaren Konsequenzen werden auch *Prognosen* genannt. Tritt ein prognostiziertes Ereignis ein, so kann man zwar sagen, daß damit eine Bestätigung des Gesetzes geliefert ist – keinesfalls läßt sich jedoch auf die Wahrheit schließen. Hingegen wird, falls die Prognose nicht eintrifft, mit logischer Notwendigkeit[7] auf die Falschheit einer der Prämissen geschlossen, darunter auch auf die der in der Erklärung benutzten Naturgesetze. Der Wahrheitswert von Gesetzesaussagen kann also nur auf negative

Weise entschieden werden. Das ist die Konsequenz des Umstandes, daß wir zur empirischen Überprüfung von Allaussagen nur singuläre Sätze, in denen wir Beobachtungsresultate ausdrücken, verwenden können. Wenn nur singuläre Sätze die Rolle von Prüfsätzen übernehmen können, dann kann der Wahrheitswert einer Allaussage nur durch die Rückübertragung der Falschheit einer Konklusion auf die Prämissen entschieden werden. Demzufolge sind Gesetze nicht verifizierbar, wohl aber falsifizierbar.

Bezeichnet man mit G die Konjunktion der im Explanans benutzten Gesetze und Randbedingungen, und mit B den aus dem Explanans abgeleiteten, ein beobachtbares Ereignis beschreibenden Satz, mit dem Minus-Zeichen die Verneinung eines Satzes und mit dem Pfeil die formale „Wenn-Dann"-Verknüpfung, dann stellt sich der Falsifikationsschritt so dar:

$$[(G \rightarrow B) \ \& \ -B] \rightarrow -G$$

Dem liegt einfach das Schlußschema des *modus tollens* der traditionellen Logik zugrunde: wenn p, dann q; nun aber nicht q; also nicht p.

Dieser schlichte Sachverhalt, daß Allsätze durch singuläre Beobachtungssätze niemals verifiziert, wohl aber leicht durch ein Gegenbeispiel falsifiziert werden können – eine Einsicht, die natürlich lange vor Popper geläufig war –, wird bei Popper zur Grundlage seiner Methodologie genommen: der Erkenntnisfortschritt in den empirischen Wissenschaften wird erreicht durch die gezielte Verwendung des *modus tollens* zur Eliminierung unzutreffender Gesetzeshypothesen und deren Ersetzung durch „bessere".[8] Lernen heißt: Erkennen, daß wir einem Irrtum erlegen waren, den es zu eliminieren gilt.

Wie kommt Popper dazu, diesem Moment der Hypothesen- oder Theorienverwerfung eine so fundamentale Bedeutung zu geben? Zweifellos gibt Popper in dieser Akzentuierung des wissenschaftlichen Vorgehens eine Antwort auf die Entwicklung der Physik in den ersten beiden Jahrzehnten unseres Jahrhunderts. Hier hatte sich der revolutionäre Schritt ereignet, in dem die „klassische" Physik durch Relativitätstheorie und Quantenmechanik ersetzt wurde.

Bohr und Einstein hatten Theorien entwickelt, die in Widerspruch standen zu fundamentalen Prinzipien der klassischen Physik. Z. B. sagte Einsteins Theorie voraus, daß das Licht in der Nähe von massereichen Körpern, wie z. B. unserer Sonne, von der geradlinigen Bahn abgelenkt werden würde. Neben vielen Prognosen der Einsteinschen Theorie, die in entsprechender Übereinstimmung mit denen der klassischen Physik standen, lag hier eine Prognose vor, die besonders riskant war, da sie einen Effekt prognostizierte, der nach Newtons Theorie überhaupt nicht vorkommen konnte. Um so spektakulärer war die Bestätigung dieser Prognose durch die Messungen von Eddington. Eine Bestätigung der Theorie Einsteins war aber eo ipso eine Widerlegung der Theorie Newtons.

Nachdem die Entwicklung der Physik sich über zwei Jahrhunderte hinweg als eine Erfolgsgeschichte der Newtonschen Mechanik vollzogen hatte, war dieser Prototyp einer erfolgreichen, bewährten, ja von den meisten für wahr gehaltenen Theorie, durch eine neue verworfen worden. Was sich für viele als Katastrophe, als Grundlagenkrise der Naturwissenschaft darstellte, wird für Popper zur Auszeichnung des empirisch-wissenschaftlichen Verfahrens: daß Theorien – auch höchst erfolgreiche – an der Erfahrung scheitern können, ist nicht zu beklagen, sondern eröffnet gerade die Möglicheit zu wissenschaftlichem Progreß. Was aus einer Perspektive als Unglück, als vermeidenswert erschien, empfiehlt er als eine zu verfolgende Strategie.

Nicht noch so massierte Bestätigungen von Theorien sind Gütezeichen erfolgreichen Forschens, sondern deren Falsifikationen. Die wissenschaftliche Einstellung eines Forschers zeigt sich darin, daß er seine Hypothesen scharfen Prüfungen unterwirft, daß er sie zu falsifizieren sucht.[9] Wie sieht die Methodologie in ihren Grundzügen aus, die Popper aus diesem Ansatz konzipiert?

Ausgangspunkt des wissenschaftlichen Erkenntnisprozesses sind Hypothesen bzw. ein Gefüge von solchen, was wir eine Theorie nennen: Nach Popper sind sie das Primäre; denn ohne solche Hypothesen, Regularitätserwartungen, wüßten wir nicht, worauf zu achten, was zu beobachten wäre. Der Forschungsprozeß kann nicht in einem „theoretischen Vakuum“[10] durch bloßes Zusehen in Gang kommen, sondern nur durch gezieltes, d.h. theoriegeleitetes Beobachten.

Aber nur Hypothesen, die überprüfbare Konsequenzen haben, können die empirische Forschung voranbringen. Hypothesen, die Sätze über Beobachtbares implizieren, erzeugen in der Menge der Sätze, die mögliche Sachverhalte beschreiben, eine Unterscheidung: Sie teilen die Menge der überhaupt möglichen Beobachtungsaussagen ein in die Menge der von der Theorie verbotenen und von ihr erlaubten Zustandsbeschreibungen. Eine Theorie, die alle möglichen Tatsachen zulassen oder alle verbieten würde, wäre nicht empirisch-wissenschaftlich. Popper formuliert daher folgendes *Akzeptanzkriterium:* Als empirisch-wissenschaftlich ist eine Theorie nur dann akzeptabel, wenn die Klasse der von der Theorie verbotenen Beobachtungsaussagen, d.h. die Klasse ihrer „potentiellen Falsifikatoren“, nicht leer ist, d.h. wenn sie im Prinzip falsifizierbar ist. (LdF 53)

Die singulären Aussagen, in denen wir Beobachtungsergebnisse formulieren und die als Prüfsätze für die Theorien benutzt werden, nennt Popper auch Basissätze. Von dieser Menge aller *möglichen* Tatsachenfeststellungen könnten wir nie eine vollständige Liste anfertigen. Aber Theorien können sich wohl dadurch unterscheiden, daß sie in dieser Menge einen größeren oder kleineren Sektor als erlaubt bzw. verboten ausgrenzen. Die Menge der durch die Theorie verbotenen Basissätze (= potentielle Falsifikatoren) nennt Popper den „empirischen Gehalt“. Es scheint paradox zu sein, als „Gehalt“ einer Theorie nicht die Menge ihrer Implikationen, sondern die Menge der von ihr verbotenen Basissätze zu nehmen. Aber Naturgesetze lassen sich – meint Popper – durchaus als Verbotsnormen auffassen: das Gesetz vom freien Fall, das besagt, daß die Geschwindigkeitszuwüchse proportional zur Fallzeit erfolgen, verbietet damit zugleich, daß sie proportional zum Fallweg, zum Gewicht, zur Dichte oder sonst abweichend erfolgen. Ein Gesetz sagt umso mehr aus, hat einen größeren empirischen Gehalt, je mehr es verbietet, je größer die Klasse der potentiellen Falsifikatoren ist.

In dieser Kennzeichnung liegt zugleich eine *Vergleichsmöglichkeit* für Theorien. Nach Popper sollte nun diejenige Theorie den Vorzug verdienen, die den je größeren empirischen Gehalt hat, d.h. die in höherem Grad falsifizierbar ist.[11]

Diese Akzeptanzregel deckt sich zwar mit seiner kritischen Einstellung, die Falsifikationen prämiert, sie ist aber sicher nicht hinreichend, gemessen am Ziel empirischer Forschung; denn diese ist darauf gerichtet, zu erfassen, was der Fall ist, d.h. erfolgreiche Erklärungen zu liefern, kann sich deshalb nicht mit der Eliminierung einer möglichst riskanten Vermutung zufrieden geben. Denn man kann sich vorstellen, daß wir gemäß Poppers Akzeptanzkriterium in der Reihe der Theorien tatsächlich immer einen Nachfolger annehmen mit größerem empirischen Gehalt, daß aber der erste Überprüfungsschritt auch schon seine Falsifikation ergibt. Das Erklärungs*potential* würde zunehmen, aber wir würden keine Erklärungen erhalten. Wie kann dieser positiven Orientierung Rechnung getragen werden? Sollte man maximale Falsifizierbarkeit als Gütekriterium revidieren? Offenbar nicht. Popper nennt die Widerlegungsversuche, die eine Theorie *übersteht,* ihre „Bewährung" und den Grad, zu dem sie sich bewährt, den Bewährungsgrad. Der Grad, zu dem eine Theorie im Prinzip bewährbar ist, ihr Bewährbarkeitsgrad, deckt sich ja offenbar mit dem Grad der Falsifizierbarkeit. Ob ein Test in einer Falsifikation oder einer Bewährung endet, ist ein rein historischer Unterschied, relevant für das Schicksal einer Theorie, nicht aber relevant für ihre primäre Annehmbarkeit. Die in höherem Grad falsifizierbare Theorie, die Theorie mit größerem empirischen Gehalt, ist zugleich die Theorie mit größerem Erklärungspotential, mit größerer Prognoseleistung, mit größerer Bewährbarkeit.

An Theorien mit maximalem empirischen Gehalt sind wir also interessiert. Aber es scheint nicht hinreichend zu sein, das Ziel der Forschung ausschließlich durch das Interesse an Falsifikationen zu beschreiben. Den Bewährungen, den positiven Instanzen, wird man nicht gerecht, wenn man sie nur als das negative Ergebnis eines Widerlegungsversuchs auffaßt; denn wir sind tatsächlich an Theorien mit einem hohen Bewährungsgrad interessiert, an leistungsfähigen Theorien hinsichtlich Erklärung und Prognostik, die schließlich auch zu technologischer Anwendung taugen.

Popper hat große Anstrengungen gemacht, diesen positiven Aspekt der Bewährung im Rahmen des Falsifikationismus einzufangen, indem er zunächst auf Tarskis Untersuchungen zum Begriff der Wahrheit zurückgriff und von da aus seine Theorie der Wahrheitsähnlichkeit *(verisimilitudo)* entwickelte, womit wir uns später befassen werden.

3. Hypothesen-Test und die Festsetzung von Basis-Sätzen

Falsifizierbarkeit ist zunächst nur eine Eigenschaft der empirisch-wisssenschaftlichen Theorien und besagt, daß für sie die Klasse der potentiellen Falsifikatoren nicht leer ist. Wann jedoch eine Theorie als *falsifiziert* anzusehen ist, ist damit noch nicht gesagt. Es soll ja vom *modus tollens* ein sinnvoller Gebrauch gemacht werden; er ist nicht identisch mit einer methodologischen Regel. Die Logik der Forschung ist nicht identisch mit der formalen Logik.

Daß Popper die Forschungslogik als Methodologie entwickelt, muß am Typus der Regeln deutlich werden. Regeln sind Festsetzungen, Spielregeln für das Spiel „empirische Wissenschaft". „Wir kennzeichnen [...] die empirische Wissenschaft durch die *Methode*, nach der mit den Systemen verfahren wird; anders ausgedrückt: Wir wollen die Regeln [...] aufstellen, nach denen sich der Forscher richtet, wenn er Wissenschaft treibt [...]". (LdF 23)

Von den verschiedenen Rollen oder Funktionen, die den universellen bzw. den singulären Sätzen im Testverfahren zufallen, war schon die Rede: erstere fungieren als Strukturierungen des Erwartungsraumes, letztere als Prüfsätze der Hypothesen. Die methodologischen Regeln legen also fest, welche Rolle den am Forschungsprozeß beteiligten Faktoren zufällt: sie legen fest, wie das Spiel „empirische Wissenschaft" zu spielen ist. Mit üblichen Spielen durchaus vergleichbar werden die Regeln so festgelegt, daß das Ziel des Spieles optimal erreichbar wird.

Wann soll eine Theorie als falsifiziert gelten? Schon wenn *ein* Basissatz gegen sie angeführt wird? Dann würden wir vorschnell einen vielleicht vielversprechenden Kandidaten für Erklärungen verlieren. Man wird die Nachprüfbarkeit des Widerlegungsschrittes verlangen, d.h. es muß ein reproduzierbarer Effekt bei der Widerlegung auftreten, der durch eine Hypothese beschrieben wird. So ergibt sich für Popper die methodologische Regel, daß eine Theorie nur dann als falsifiziert zu betrachten ist, wenn eine falsifizierende Hypothese, die sich ihrerseits bewährt, an der Widerlegung beteiligt ist (LdF 54).

Die an der Widerlegung beteiligte Hypothese wird von niedriger Allgemeinheitsstufe sein. Daß überhaupt mehr als nur die Berufung auf Beobachtbares bei der Falsifikation beteiligt ist, ist Kern für Überlegungen, aus denen schließlich ein pluralistisches Konzept hervorgeht. Ganz in dem Sinn, in dem sich der Falsifizierbarkeitsgrad als eine Vergleichsgröße zwischen Theorien erwies, soll auch für die konkrete Falsifikation ein Vergleichsverhältnis zwischen den rivalisierenden Hypothesen beachtet werden.

In der Forschung ist es wichtig, alternative Theoriekonzepte möglichst frühzeitig zur Verfügung zu haben. Eine Theorie (sofern sie sich bewährt hat) sollte man erst dann eliminieren, wenn eine Alternative zur Verfügung steht. Und man wird sogar von dieser neuen Theorie Eigenschaften fordern, die mit der früheren in gewisser Beziehung stehen. So verlangt Popper: „Bewährte Theorien können nur von allgemeineren [...] überholt werden, die die bereits früher bewährten zumindest in Annäherung enthalten." (LdF 221) Es werden also Probleme des Theorienvergleichs in verschiedenen Hinsichten wichtig.

Was sich zunächst darstellte als eine einlinige Abfolge von Hypothese, Test, Falsifikation, Eliminierung, neue Hypothese ..., nimmt zunehmend die Form von Hypothesenkonkurrenz mit Hilfe von falsifizierenden Experimenten an. Popper selbst hat die *Wünschbarkeit* von Alternativen immer betont, aber erst Poppers Schüler (Lakatos und Feyerabend) haben die

Forderung in die Methodologie aufgenommen, daß die Eliminierung einer Theorie erst unter der Bedingung verfügbarer Alternativen erfolgt.[12] Der isolierte Schritt der Theorienverwerfung durch negative Evidenz stellt sich so dar als ein Schritt der Theorienverdrängung durch Alternativen.

Es gibt einen weiteren Aspekt in Poppers Auffassung von der empirischen Forschung, der auf diese pluralistische Position führt. Popper hat nicht nur – gemeinsam mit Kant, Duhem, Poincaré u. a. – die These von der Priorität der Theorien gegenüber Beobachtungen vertreten und einen deduktivistischen Ansatz für die Erfahrungswissenschaft, sondern damit die stärkere These verknüpft, daß all unsere Beobachtungen „theoretisch imprägniert", mit Theorie beladen seien. Nicht nur zeichnen unsere theoretischen Vorannahmen aus, wonach zu suchen sei; das was beobachtet wird, wird in der Sprache, Begrifflichkeit, Vorstellungswelt von Theorien erfaßt. Popper stützt sich auf die Einsichten der Wahrnehmungspsychologie; die Gestaltpsychologen,[13] vor allem K. Bühler, hatten gezeigt, daß das Wahrnehmen sich immer als ein Wahrnehmen von etwas *als etwas* vollzieht, wobei dies „als etwas" 1. als eine ganzheitliche *Gestalt* und 2. als subjektive *Leistung* zu interpretieren war. Es gibt keine reinen Daten für die Erkenntnis, die nur passiv aufzunehmen wären, vielmehr sind die „Daten" immer schon interpretiert im Lichte unserer theoretischen Annahmen (LdF 72). Wenn das schon für alltägliche Situationen zutrifft, um so mehr trifft es zu für die experimentell gewonnenen Ergebnisse wissenschaftlicher Forschung: *was* gemessen wurde, wenn eine Zeigerstellung an einem Instrument abgelesen wird, wird nur durch eine theorieabhängige Interpretation angebbar. Die Idee der Positivisten, eine theoretisch neutrale Beobachtungssprache als Fundament der Theoriebildung bzw. Theoriebewertung auszeichnen zu können, wird von Popper verworfen.

Wenn allerdings Tatsachenfeststellungen so sehr geprägt sind von der jeweils adoptierten Theorie, dann sind Empirismus und Kritik gleichermaßen in Gefahr; dann ist zu fragen, wie es zur Entdeckung von Gegenevidenz kommen kann. Die Beschränkung auf *eine* theoretische Perspektive kann jedenfalls eine Blindheit für viele Phänomene erzeugen, die als Gegenevidenz für diese gelten würden.[14] Der Effekt der Lichtablenkung im Gravitationsfeld wurde erst im Rahmen der Einsteinschen Theorie prognostizierbar. Die klassische elektrodynamische Theorie des Lichts, gegen die dieser Effekt sprach, hatte hier aus systematischen Gründen einen blinden Fleck. Deshalb ergibt sich die Forderung nach theoretischen Alternativen auch unter der These von der theoretischen Beladenheit unserer Beobachtungen. Progreßorientierte Kritik wird ermöglicht, indem alternative Theorieentwürfe unsere Seh- und Wahrnehmungsgewohnheiten verändern und so den Blick für bestimmte Gegenevidenz freigeben und schärfen.

Damit allerdings ist die Frage nach der Zuverlässigkeit der Beobachtungsaussagen noch nicht beantwortet. Haben wir, wenn alle Beobachtung theoretisch imprägniert ist, nicht allen Grund, mißtrauisch gegen unsere Beobachtungen zu sein? Wie können Beobachtungsaussagen dann überhaupt noch als Basissätze fungieren? Wo bleibt das Fundament der empirischen Wissenschaften dann? Wie definitiv sind Falsifikationen? Vor allem aber, was meint Popper mit Beobachtung?

Ein Basissatz ist nach Popper ein Satz, der beschreibt, „daß sich in einem bestimmten Raum-Zeit-Gebiet ein beobachtbarer Vorgang“ abspielt (LdF 69). Was eine Beobachtung ist, wurde im Empirismus durch das Vorliegen von Sinnesdaten oder Wahrnehmungserlebnissen expliziert; Beobachtungen sollten protokollarisch festgehalten werden als Grundlage wissenschaftlicher Erfahrung. Nach Poppers Auffassung jedoch muß man den Beobachtungsbegriff nicht definieren, sondern als einen „durch den Sprachgebrauch hinreichend präzisierten Grundbegriff“ auffassen (LdF 69). Das hat den Vorteil, daß man die unter Umständen sehr indirekten Meßverfahren, mit denen die Physiker arbeiten, auch als Beobachtungen auffassen kann. Mit Hilfe der Wilson-Nebelkammer „beobachtet“ der Physiker Spuren rasch fliegender Elementarteilchen und Zerfallsprozesse, die niemals direkter Wahrnehmung durch die Sinne zugänglich sind. Daß hier aber überhaupt *etwas* „beobachtet“ wurde und nicht Kunstfehler des Meßgeräts vorliegen, die ja systematisch und zufällig in hohem Maße vorkommen (man denke nur an die Reflexe in einem simplen Lichtmikroskop), muß durch Erkenntnisse über das Funktionieren des Meßgeräts gestützt werden. Man braucht hierfür also Theorien, und häufig genug ist die Theorie des Meßgeräts nicht verschieden von der zu prüfenden Theorie. Häufiger noch werden wir nicht einmal eine Theorie des Meßgeräts haben, sondern die *erfolgreiche Verwendung* des Apparates wird schon als Garant dafür genommen, daß etwas Wirkliches beobachtet wurde. So hatte z.B. Galilei, als er mit dem Fernrohr die Jupitermonde beobachtete, zwar gelernt, mit diesem Gerät erfolgreich umzugehen, er hatte aber sicher keine Theorie des Teleskops. Auch wenn letztlich erst die Meßtheorie die Rechtfertigung dafür liefert, daß wir mit unserem Gerät etwas Reales gemessen haben, wäre es doch abwegig zu sagen, daß man erst zu dem Zeitpunkt wirklich etwas beobachtet habe, zu dem diese Theorie entwickelt wurde. Die *erfolgreiche Praxis* der Wissenschaftler, die die Standards intersubjektiver Nachprüfbarkeit und Reproduzierbarkeit berücksichtigt, scheint hier ein hinreichender Garant für Beobachtung zu sein. Und offensichtlich können neue Erkenntnisse über die Meßtheorie uns zwingen, unsere Beobachtungen zu revidieren. Beobachtungsaussagen, Poppers Basissätze, sind also keineswegs eine unantastbare Grundlage unseres Wissens, sondern sie haben Teil an dem fallibilistischen Unternehmen, das die menschliche Erkenntnis darstellt. Auch sie sind mit einem Proviso versehen.

So weit war jedoch nur von *Mengen* von Basissätzen die Rede, um empirisch-wissenschaftliche Aussagen auszuzeichnen. Wie kommt man überhaupt zu einzelnen?

In der Tat läßt sich mit der Menge aller von der Theorie verbotenen Basissätze nicht arbeiten. Erst die für eine bestimmte Überprüfung relevanten Basissätze treten in das Spiel Wissenschaft ein. Wie kommen wir zu diesen, wodurch werden sie ausgezeichnet? „Die Festsetzung der Basissätze erfolgt anläßlich einer *Anwendung* der Theorie und ist ein Teil dieser Anwendung, durch die wir die Theorie *erproben;* wie die Anwendung überhaupt, so ist die Festsetzung ein durch theoretische Überlegungen geleitetes planmäßiges Handeln." (LdF 71)

Die Prüfungs-Praxis gemäß akzeptierten Standards wird in aller Regel zu einem *Konsens* zwischen den Forschern führen, daß man den fraglichen Basissatz für zuverlässig, für akzeptabel hält. „Sollte eines Tages zwischen wissenschaftlichen Beobachtern über Basissätze keine Einigung zu erzielen sein, so würde das bedeuten, daß die Sprache als intersubjektives Verständigungsmittel versagt. Durch eine solche Sprachverwirrung wäre die Tätigkeit des Forschers ad absurdum geführt; wir müßten unsere Arbeit am Turmbau der Wissenschaft einstellen." (LdF 70)

Es sind mithin Entscheidungsakte, die der Auszeichnung von einzelnen Basissätzen zugrunde liegen. Dadurch daß Popper Entscheidungsakte, Konventionen zur „Grundlage" dieser Aussagen macht, wird seine empiristische Position zwielichtig, denn sie scheint die Zuverlässigkeit der Erkenntnis nicht mehr garantieren zu können. Die Konventionalität der Basissätze ist zwar vereinbar mit guten Gründen, die zu ihrer Annahme „motivieren"; aber Konventionalität läßt auch die Möglichkeit offen, einen früher akzeptierten Basissatz zu revidieren, auch das wiederum mit „guten Gründen". Wir mögen z. B. eine bestimmte Kompaßeinstellung für eine zuverlässige Richtungsangabe halten; wenn wir jedoch dann erfahren, daß an dieser Stelle das Magnetfeld der Erde beträchtlich gestört war, werden wir anders entscheiden.[15]

Die Basis der Basissätze ist kein Felsgrund. „Das Wort ‚Basis' hat [...] einen ironischen Beiklang: *die Basis schwankt.*" (LdF 76) Sie ist eine vorläufig akzeptierte „Grundlage", die nur in dem Sinn „sicher" ist, daß uns zur Zeit keine kritischen Einwände einfallen. Oder daß die Einwände, die wir anführen können, von Prämissen ausgehen, die selbst viel problematischer sind. Descartes, in seiner Suche nach einem sicheren Fundament der Erkenntnis, hatte nur akzeptieren wollen, was „gewiß" war in dem Sinn, daß es gegen „jeden möglichen Zweifel" gesichert war, wobei durchaus hochproblematische Zweifelsgründe ins Spiel gebracht werden durften.

Popper, der sicher insofern ein Empirist ist, als allein Beobachtungsaussagen die Rolle von Prüfsätzen für die Theorien übernehmen können, wird durch die konventionalistische Akzeptanz der Basis-Sätze, die im Prinzip immer revidierbar bleiben, ein skeptischer Empirist, ein Empirist, der jedenfalls keine Sicherheit, keine absolute Zuverlässigkeit von den auf Beobachtungen „gegründeten" Aussagen erwarten darf.

Das Unternehmen „empirische Wissenschaft" ist nicht nur fallibel in dem Sinne, daß unsere Theorien nie als wahr erwiesen werden können, vermutlich früher oder später sich sogar definitiv als falsch herausstellen werden, es ist ebenso fallibel bezüglich der empirischen Basis.

„So ist die empirische Basis der objektiven Wissenschaft nichts ‚Absolutes'; die Wissenschaft baut nicht auf Felsengrund. Es ist eher ein Sumpfland, über dem sich die kühne Konstruktion ihrer Theorien erhebt; sie ist ein Pfeilerbau, dessen Pfeiler sich von oben her in den Sumpf senken – aber nicht bis zu einem natürlichen, ‚gegebenen' Grund. Denn nicht deshalb hört man auf, die Pfeiler tiefer hineinzutreiben, weil man auf eine feste Schicht gestoßen ist: wenn man hofft, daß sie das Gebäude tragen werden, beschließt man, sich vorläufig mit der Festigkeit der Pfeiler zu begnügen." (LdF 75f.)

Poppers Methodologie verlangt eine *strenge* Prüfung der Theorien, weil ja nicht ihre positiven Bestätigungen, sondern ihre Falsifikationen die Forschung voranbringen. Andererseits scheint durch die These von der Revidierbarkeit der Beobachtungssätze es gar keine strengen, definitiven Widerlegungsversuche mehr geben zu können. Denn läßt sich dann im Prinzip nicht immer der negative Ausgang eines Experiments gegen den Basissatz richten anstatt gegen die zu testende Hypothese?

Daß aus logischen Gründen die Widerlegung immer die Konjunktion aus Hypothese(n) und Basis-Sätzen betraf und nicht die isolierte(n) Hypothese(n), hatten wir schon oben sehen können. Nun liefert Popper auch noch die erkenntnistheoretische Rechtfertigung, die Basis-Sätze keineswegs als besonders zuverlässig zu schonen, sondern ebenso als fallibel zu betrachten. Eröffnet Popper damit nicht innerhalb seiner eigenen Methodologie jene Strategiemöglichkeiten, die er sonst als typisch für den Konventionalismus brandmarkt, nämlich im Konfliktfall zwischen Theorie und Experiment jeweils die Theorie zu retten und den experimentellen Befund zu revidieren? Gibt Popper damit nicht dem Erfahrungswissenschaftler die Möglichkeit an die Hand, seine Hypothesen zu „immunisieren", wie Hans Albert sagt – was im Selbstverständnis der kritischen Rationalisten das Stigma der Pseudowissenschaft ist. Immunisierung kennzeichnet die wissenschaftliche Unmoral, der der Pseudowissenschaftler folgt, und ist das Kainsmal, an dem der kritische Rationalist ihn allemal identifiziert – und dies sollte gerechtfertigt sein durch das Credo des kritischen Rationalismus?

Popper kann nur durch gezielte Verbote sich aus dem Strudel halten und durch bestimmte Absichtserklärungen. „Wir können dem Konventionalismus nur durch einen *Entschluß* entgehen: Wir setzen fest, seine Methoden nicht anzuwenden und im Falle einer Bedrohung des Systems dieses nicht durch eine *konventionalistische Wendung* zu retten". (LdF 50)[16] – Er darf keinesfalls *generell* die Revision der Basis-Sätze, d.h. der experimentellen Befunde verbieten; denn es gibt genügend Beispiele aus der Geschichte der Wissenschaft, wo so verfahren wurde, und zwar Beispiele für gute Wissenschaft, nicht für Pseudowissenschaft.

Poppers Einschränkung bezieht sich auf *die Umstände* der Revision des Basis-Satzes: *seine Revision darf nicht ad hoc sein.* D.h. sie darf nicht ausschließlich zum Ziel haben, die Hypothese zu schonen, ohne also einen weiteren sachlichen Ertrag oder Gesichtspunkt ins Spiel zu bringen. Er verlangt also von den Zusatzannahmen, die man zur Revision des Basis-Satzes ins Spiel bringt, daß der empirische Gehalt der Theorie dadurch größer werden müsse; mit anderen Worten, daß die Überprüfungsmöglichkeiten für unsere Hypothese reicher – und nicht etwa ärmer – werden. Mit Poppers Worten: Die neu eingeführte Hypothese muß der Forderung nach „unabhängiger Prüfbarkeit" genügen.

Poppers stärkster Punkt ist ein eher psychologischer: er meint, man müsse im vorhinein angeben, wann man bereit sei, seine Hypothese preiszugeben. Das ist sein Interesse an Entscheidungsexperimenten: auch wenn *im Prinzip* die negative Kraft eines Experimentes auf den Basis-Satz geschoben werden könne – so *solle* ein guter empirischer Wissenschaftler das doch nicht (immer) tun. Zeichen guter empirischer Wissenschaft sei es, bevor man experimentiere, zu sagen, was man bei negativem Ausgang tun werde: die Theorie beibehalten – oder sie verwerfen.[17]

Wir sehen also, daß für das Vorliegen einer Falsifikation sehr viel mehr erforderlich ist als der Widerspruch mit einem anerkannten Basissatz. Neben der Beteiligung einer falsifizierenden Hypothese gehören dazu Gesichtspunkte, die abschätzen, ob ein bestimmter Ausweichschritt „ad hoc" ist oder nicht, ob überhaupt die Bedingungen durchgängiger Vergleichbarkeit der Testsituation erfüllt sind oder andere, bis jetzt unzureichend erfaßte Faktoren im Spiel sein könnten. Wir müssen also auch eine sog. *ceteris paribus*-Klausel einführen, die alle Schritte unter das Proviso stellt, die Testsituationen seien gleich (was wir natürlich nie garantieren können). Und schließlich machen wir im allgemeinen beim Experimentieren von vielen selbstverständlichen Fähigkeiten Gebrauch, die nicht einmal eine besondere Verbindung mit der Wissenschaft haben müssen, sondern die wir aus unserem alltäglichen Bereich schlicht praktizieren. Popper hat dem durch die Unterscheidung von „unproblematischem Hintergrundwissen" und der unter Test stehenden Hypothese Rechnung getragen (C&R 235). Dieses Hintergrundwissen, meint Popper, bleibt vergleichsweise stabil. Deshalb können auch rivalisierende Hypothesen vor diesem Hintergrund verglichen und bewertet werden, so daß sich eine Präferenzstruktur von ihm her ergibt. Damit hat der Falsifikationsschritt eine Komplexität angenommen, die weit über die bloß logische Seite hinaus in pragmatische Bereiche führt, die zudem eine ganzheitlichere Auffassung von Wissenschaft mit sich bringt.

4. Sinn- und Abgrenzungsprobleme von Wissenschaft, Pseudowissenschaft und Metaphysik

Falsifizierbarkeit ist eine strukturelle Eigenschaft, die für empirisch-wissenschaftliche Theorien charakteristisch ist. Auch wenn es umstritten sein mag, ob in einer bestimmten experimentellen Episode eine Hypothese bzw. Theorie als de facto falsifiziert gelten müsse – oder ob eine rettende ad hoc-Hypothese das experimentelle Verdikt auf die Basisaussagen abwälzen dürfe – so wird dadurch doch nicht bestritten, daß es sich um eine falsifizierbare Theorie handelt.

Popper schlägt Falsifizierbarkeit deshalb als Merkmal empirisch-wissenschaftlicher Satzsysteme vor, durch das wir das Eigentümliche der Erfahrungswissenschaft angeben. Durch Angabe des Eigentümlichen liefern wir *Definitionen;* durch die Definition wird ausgegrenzt, was unter eine bestimmte Kennzeichnung fällt und was nicht.

Popper *definiert* mithin durch das Falsifizierbarkeitskriterium die empirisch-wissenschaftlichen Aussagen bzw. Aussagensysteme.[18] Mit diesem vermeintlich unschuldigen Definitionsvorschlag bezieht Popper jedoch eine Kampfposition und gerät zugleich in ein komplexes Sachproblem.

Indem Popper „Falsifizierbarkeit" als Definitionsvorschlag versteht und dadurch empirisch-wissenschaftliche Satzsysteme von anderen abgrenzt, stellt er sich gegen die Position des „Wiener Kreises". Das Bemühen der Vertreter dieses Kreises von Wissenschaftlern und Philosophen war dahin gegangen, die Metaphysik aus dem Wissenschaftsfeld zu verbannen; denn (das war jedenfalls die Auffassung von Ernst Mach) die Metaphysik verfügte in ihren spekulativen Gedankengängen über kein Kontrollinstrument, das ihre allgemeine Nachvollziehbarkeit hätte gewährleisten können. Auch wenn Gedanken wie der Atomismus, die im Ursprung Spekulation waren, d.h. Metaphysik, erfahrungswissenschaftliche Gültigkeit erhielten, so doch nicht, weil sie philosophische Wahrheiten darstellten, sondern weil sie zu experimentell überprüfbaren Aussagen umgebildet wurden.

In den Experimentalbelegen lag mithin ein solches Kriterium der intersubjektiven Nachprüfung für die empirisch-wissenschaftlichen Behauptungen vor. Deshalb betrachteten die logischen Empiristen metaphysische Aussagen nicht nur als von anderem Typus als die der empirischen Wissenschaften (und der Formalwissenschaften), sondern als unwissenschaftlich, ja als sinnlos.

Als kognitiv sinnvolle Sätze sollten nur solche Aussagen zugelassen werden, für die es ein empirisches Verfahren geben konnte, das sie als nachweislich wahr einsehbar machte. Man berief sich auf Wittgensteins: Der Sinn eines Satzes ist die Methode seiner Verifikation. Mit anderen Worten: Nur wer die *empirischen* Umstände angeben kann, die den Satz wahr machen würden, zeigt, daß er überhaupt einen im Erkenntniszusammenhang *sinnvollen* Satz geäußert hat. „Verifizierbarkeit" sollte das Trennmesser liefern, das den gesunden Stamm der empirischen Wissenschaft von den Ranken der schmarotzenden Metaphysik befreien konnte. Nachdem jedoch Popper gezeigt hatte, daß das Verifizierbarkeitskriterium gerade die genuinen wissenschaftlichen Aussagen, nämlich die Naturgesetze, als sinnlos ausschließen würde, war man bereit, Falsifizierbarkeit und/oder Verifizierbarkeit zuzulassen. Allerdings meinte man, an der alten positivistischen Intention mit den verbesserten Kriterien festhalten zu können und zu sollen.

Indem Popper Falsifizierbarkeit als Abgrenzungskriterium und nicht eo ipso als Sinnkriterium versteht, setzt er sich in Gegensatz zu dem positivistischen Credo von der Sinnlosigkeit der Metaphysik. Damit hebt jedoch zugleich eine Sachfrage an, die letztlich die Tauglichkeit auch des Falsifikationskriteriums zu Abgrenzungszwecken fragwürdig werden läßt. Welche Aussageformen sollen nämlich der primäre Adressat der Abgrenzungsbemühung sein: Metaphysik oder Pseudo-Wissenschaft? Will Popper trennen zwischen Aussagen, die ein je eigenes Territorium ihres sinnvollen Gebrauchs haben, wie das für Physik und Metaphysik schon im Namen zum Ausdruck kommt, oder zwischen Aussagetypen, die auf demselben Boden miteinander konkurrieren und sich gegenseitig in Frage stellen, wie Astronomie und Astrologie? Letztere rechnen wir zu den Pseudo-Wissenschaften. Allerdings subsumiert Popper unter Pseudo-Wissenschaften nicht nur Astrologie, Alchimie und andere Varianten hermetischen Geheimwissens, sondern auch die Freudsche und Adlersche Psychoanalyse und Marxens Theorie der gesellschaftlichen Entwicklung.

Es kann nicht Poppers Intention sein, Metaphysik und Pseudowissenschaft in einen Topf zu werfen, nur weil beide nicht den Falsifikationskriterien genügen. Denn Popper möchte den Unterschied zwischen „unwissenschaftlich" und „nicht empirisch-wissenschaftlich" nicht aufheben. Wie aber läßt sich zwischen diesen beiden Typen nicht-falsifizierbarer Aussagen unterscheiden? Und, angenommen der Unterschied sei klar angebbar, wendet sich Popper mit seinem empiristischen Abgrenzungskriterium der Falsifikation gegen die Theorien von Freud und Marx, weil er sie für empirisch aber unwissenschaftlich oder weil er sie für metaphysisch hält?

Dafür müssen wir klären, mit welchen Argumenten Popper die These von der Sinnlosigkeit der Metaphysik zurückweist.[19]

a) Das heuristisch-generative Argument

Popper anerkennt, daß in der Geschichte der Wissenschaft metaphysische Ideen eine fruchtbare Rolle gespielt haben, indem sie die Richtung empirischer Forschung bestimmten, auch Erstfassungen von Hypothesen produzierten und die Erkenntnisbemühung überhaupt in Gang halten. „Man kann nicht leugnen, daß es neben metaphysischen Gedankengängen, die die Entwicklung der Wissenschaft hemmten, auch solche gibt, die sie förderten. Und wir vermuten, daß wissenschaftliche Forschung, psychologisch gesehen, ohne einen wissenschaftlich indiskutablen, also wenn man will, ‚metaphysischen' Glauben an rein spekulative und manchmal höchst unklare theoretische Ideen wohl gar nicht möglich ist". (LdF 13) Popper hat hier vor allem die Kosmologie vor Augen, die in ihrer interessanten Geschichte bis in die neueste Zeit ein wechselseitiges Beeinflussen von spekulativen und experimentellen Ideen zeigt. Insbesondere wurden Fragen des Materieproblems gelöst durch „Zusammenarbeit spekulativer Philosophen wie Descartes, Leibniz und Experimentalwissenschaftler wie Faraday, Maxwell, Einstein, de Broglie und Schrödinger“ (Philosophy & Physics, S. 367). Im „Postscript“ hat Popper für solche nicht testbaren Theorien, die gleichwohl einen Einfluß auf die empirische Forschung haben, den Ausdruck „metaphysisches Forschungsprogramm“ geprägt. „Es zeigte die Richtung, in der zu suchen war, und es zeigte die Art von Erklärung, die befriedigte; und es ermöglichte so etwas wie eine Beurteilung der Tiefe einer Theorie.“ (PS I 193) Die Darwinsche Evolutionstheorie, die Theorie der Zelle, die Theorie der bakteriellen Infektion haben in der Biologie einen derartigen Status gehabt, daß sie die Forschungsrichtung, die Erklärungsanforderungen und Gütekriterien der Theorien auszeichneten. Interessanterweise betrachtet Popper auch die Psychoanalyse in diesem Kontext als ein Forschungsprogramm und nicht als eine empirisch-wissenschaftliche Theorie.

Popper faßt den Gang der Wissenschaft in ein Bild: die verschiedenen Ideen und Hypothesen veranschaulicht er mit Teilchen, die in eine Flüssigkeit gegeben werden und die sich langsam am Boden ablagern. „Der Niederschlag dieser Teilchen an der Basis des Gefäßes ist die ‚Wissenschaft‘, die sich sozusagen in Allgemeinheitsschichten entwickelt. [...] Bei dieser Entwicklung gelangt man manchmal auch bis zu solchen Gedanken, die vorher sozusagen in höheren, ‚metaphysischen‘ Regionen schwebten, nun aber den Anschluß an die Forschung gewinnen.“ (LdF 222)

Metaphysische Ideen erweisen sich nach diesem Bild dadurch als sinnvoll, daß sie von der Ebene der Metaphysik heruntergeholt werden können auf die Ebene empirischer Nachprüfbarkeit; d.h. indem sie ihre metaphysischen Schwingen verlieren, können sie sich zu empirisch-wissenschaftlichen Hypothesen mausern.

Damit sind sie nicht eigentlich als sinnvoll anerkannt qua metaphysische Ideen, sondern unter den metaphysischen Ideen werden jene als sinnvoll ausgezeichnet, die Anschluß an die empirische Wissenschaft finden. Metaphysische Ideen werden so zwar positiv bewertet und dem Verdikt genereller Sinnlosigkeit entzogen, aber doch nur, sofern man sie als empirisch-wissenschaftliche Theorien in ihrem primitiven Anfangszustand auffassen kann.

Allerdings kennt Popper auch metaphysische Ideen, die für die Forschung in einem anderen Sinn als dem des empirisch-wissenschaftlichen Embryos wichtig sind: so haben Platos Ideen von Symmetrie und Harmonie des Weltalls Keplers und Galileis Arbeiten inspiriert und bleibend beeinflußt. Sie bleiben als steuernde Faktoren für das Erkenntnisstreben von Bedeutung gerade durch ihren unverändert metaphysischen Status. Sie haben einen heuristischen Wert in einem übergreifenden Sinn, der nicht verlorengeht, wenn eine Hypothese getestet und eliminiert wird. Hier muß man an Kants „regulative Ideen" denken, die Popper seit seinen Anfängen positiv aufgefaßt hatte. Von ihnen her läßt sich auch der Kontinuitätsaspekt in der Wissenschaftsentwicklung thematisieren. Nach J. Agassi, der diesen Gedanken Poppers weiterentwickelte, ist deshalb auch zu Unrecht die Metaphysik in eine einseitige Abhängigkeit von der empirischen Wissenschaft gerückt; über die an den metaphysischen Ideen als heuristischen Prinzipien orientierten Präferenzen in Problemstellung und Lösungstyp läßt sich eher sagen, daß die Wissenschaft ihre Wurzeln in der Metaphysik habe.[20]

Will man die Lichtmetaphorik noch einmal bemühen, so kann man sagen, daß die metaphysischen Ideen teilweise Lichtern gleichen, die sich vom Himmel auf die Erde holen lassen, um in der Hand der Forscher wie eine Laterne Licht zu verbreiten, und teilweise solchen, die unverrückbar am Himmel stehen, um als Leitsterne für die empirischen Exkursionen zu leuchten. Jedoch erschöpft sich mit dieser heuristisch-generativen Funktion metaphysischer Ideen keineswegs die sinnvolle Seite der Metaphysik.

b) Das kritizistische Argument

Die beiden Aspekte der Metaphysik, die wir bis jetzt betrachtet haben, sind *materialiter* bedeutsam für die empirische Wissenschaft. Nun besteht das wissenschaftliche Erkennen jedoch primär in der methodisch geregelten Vorgehensweise, hier dem experimentellen Prüfverfahren, dem die Hypothesen zu unterwerfen sind. Die Logik der Forschung soll jenen Kanon der Regeln enthalten, durch deren Befolgung das Ziel der Wissenschaft erreicht werden könnte. Er stellte sich bei Popper dar als Kanon von Verwerfungsregeln für Hypothesen; in ihm avancierte der methodologische Gebrauch der Schlußverfahren der deduktiven zweiwertigen Logik, allen voran der *modus tollens* durch Rücktransfer der Falschheit einer Konklusion auf die Prämissen, zum Organon der Hypothesenprüfung. Zwar wird damit keine Forschungslogik ausgezeichnet, die durch konsequente Anwendung so etwas wie eine Erfolgsgarantie liefern könnte, wie es z.B. im *Discours de la Methode* des Descartes versprochen war.

Poppers Methodologie liefert ja keine konstruktive Vorgehensweise der Erzeugung wahrer Theoreme, sondern ein Prüfverfahren für vorgeschlagene Hypothesen – mithin nur ein Instrument der Kritik.

Nun hatten wir im vorigen Kapitel sehen können, daß die wirkungsvollste Kritik einer Hypothese, nämlich Aufweis von empirischer Gegenevidenz, häufig erst verfügbar wird, wenn Erfahrungsdaten im Lichte einer Alternativhypothese gesichtet werden können. Da deren Genese jedoch zunächst in die Metaphysik verweist, liegt die Aufgabe der Kritik in dieser Phase bei ihr. Metaphysik repräsentiert also nicht nur ein Arsenal von Ideen, die evtl. zu wissenschaftlichen Hypothesen transformiert werden können, sondern eine *kritische Instanz* gegenüber der Erfahrungswissenschaft (sic!), sofern diese in einer monotheoretischen Phase ihrer Entwicklung befangen ist.

Was man seit Kuhn (1962) als „Normalwissenschaft“ bezeichnet, nämlich das Vorherrschen eines Theorienparadigmas, ist gemäß Popperschen Kriterien ein Zustand, der nicht obwalten *sollte;* begibt sich doch der Normalwissenschaftler, indem er nur mit einer Perspektive an die Phänomene herantritt, seines wichtigsten Vehikels für den Erkenntnisfortschritt, nämlich der Kritik durch theoretische Alternativen.

Metaphysik, die für die Positivisten der Kritik durch die empirischen Wissenschaften auszusetzen war, wird hier bei Popper eingesetzt als kritischer Stachel gegen eine sich monotheoretisch sicher wähnende Erfahrungserkenntnis. P. Feyerabend, der diesen Punkt besonders hervorgehoben hat, sagt deshalb treffend: „ein guter Empirist muß ein kritischer Metaphysiker sein".[21]

Heißt das nicht aber, Kritik dem Belieben preisgeben, die methodologischen Standards in den Wind schreiben, wenn Metaphysik sogar als Instanz einer Kritik der empirischen Wissenschaft angerufen wird? In der Tat kann sich Popper nur dann auf Argumentationen von metaphysischen Prämissen her berufen, wenn er Kritik und Rationalitäts-Standards nicht mit dem Testverfahren empirischer Hypothesen gleichsetzt. Das Testen von Hypothesen mittels Beobachtungsresultaten ist nur *eine* Form, wenngleich eine ausgezeichnete, der kritischen Prüfung von Behauptungen.

Empirische Hypothesenprüfung läßt sich verallgemeinern, so daß von im Prinzip unrestringierten Voraussetzungen aus Kritik als sinnvoll zugelassen wird. In diesem verallgemeinerten Sinn wird Kritisierbarkeit zum Index wissenschaftlicher Objektivität. „Jede Annahme kann, im Prinzip, kritisiert werden. Und daß jedermann kritisieren darf, konstituiert wissenschaftliche Objektivität." (OG II 221) „Freie Kritisierbarkeit" ist kein Privileg der empirischen Forschung, sondern ist auch auf metaphysischem Boden möglich. Für Popper ist Kritik, wenn man so will, eine soziale Institution; Öffentlichkeit und Offenheit gehören zu dieser intersubjektiven Kooperation, und nur aus ihr kann Objektivität entspringen – niemals aber aus dem isolierten Bemühen eines Einzelnen, „objektiv zu sein".[22]

Wo sind die Grundlagen solcher Kritik? Wird Kritik nicht nur dann glaubwürdig, wenn sie eine verläßliche Basis hat? Aber Poppers Fallibilismus leugnet ja generell, daß es solche Fundamente der Erkenntnis geben könne. Nach Popper ist eine kritische Methode deshalb und in dem Maße möglich, in dem jede kritisierende Instanz wiederum der Kritik offensteht. Der Maßstab, nach dem Kritik als triftig oder abwegig zu beurteilen ist, besteht darin, den Problembezug der betreffenden Äußerung zu analysieren. „Ganz allgemein können wir sagen, daß die gültige Kritik einer Theorie in dem Nachweis besteht, daß eine Theorie nicht die Probleme erfolgreich gelöst hat, die sie hatte lösen sollen; und wenn man Kritik so versteht, dann hängt sie sicher nicht ab von einer bestimmten Menge von Annahmen". (OG II 380)

Die Eigenständigkeit der Metaphysik und ihr rationaler Charakter hängen mithin nicht davon ab, ob sie über eigene Grundlagen verfügt, sondern in welchem Maße in ihr Kritikmöglichkeiten zum Tragen kommen können.

Nach Popper gibt es genuine Probleme der Metaphysik, die nach eigenen Lösungsvorschlägen verlangen. Die Angemessenheit oder Unangemessenheit solcher Lösungsvorschläge ist kritisch zu beurteilen, und das macht metaphysische Diskurse zu rationalen Diskursen. Deshalb hat Popper für seine Position die Bezeichnung „Kritischer Rationalismus" gewählt. Empirisch-wissenschaftliche Rationalität und die Kritik metaphysischer Theoreme folgen nach dieser Auffassung einem einheitlichen Muster; beiden liegt die kritische Einstellung zugrunde. Durch das heuristisch-genetische und das kritizistische Argument wendet Popper sich nicht nur gegen die These von der Sinnlosigkeit der Metaphysik – er rückt empirische Wissenschaft und Metaphysik sogar eng aneinander. Andererseits hält Popper das Abgrenzungsproblem für ein Grundproblem der Erkenntnistheorie!

Beziehen wir diese Divergenz auf die vorhin besprochene Zweideutigkeit des Abgrenzungsproblems, dann scheint alles dafür zu sprechen, daß es Popper primär um die Abgrenzung von Wissenschaft und Pseudo-Wissenschaft ging. Dann allerdings wäre zu fragen, ob das Kriterium der Falsifizierbarkeit diesen Zweck optimal erfüllt. Denn nicht-falsifizierbare metaphysische Thesen, die potentielle Kandidaten für empirisch-wissenschaftliche Hypothesen sind, müßten nach diesem Kriterium ebenfalls pseudo-wissenschaftlich sein – obwohl sie doch das Wachstum wissenschaftlicher Erkenntnis fördern.

Deshalb schlägt W. W. Bartley vor, die beiden Aspekte, die Popper in eins zusammengenommen hatte: Falsifizierbarkeit als

Kriterium der Akzeptabilität von Hypothesen und Falsifizierbarkeit als Kriterium der Demarkation, zu trennen und das Demarkationskriterium der Falsifikation zu ersetzen durch das der Kritisierbarkeit. „Popper schlug den Positivisten vor, das Problem liege nicht in der Abgrenzung von Sinnvollem und Sinnlosem, sondern in der Abgrenzung des Wissenschaftlichen vom Unwissenschaftlichen. Ich schlage Popper vor, das Problem liege nicht in der Abgrenzung des Wissenschaftlichen vom Unwissenschaftlichen, sondern in der Abgrenzung des Rationalen vom Irrationalen, des Kritischen vom Unkritischen."[23]

Andererseits hatte Popper bereits früher versucht, wissenschaftliche und pseudo-wissenschaftliche Einstellung dadurch abzugrenzen, daß er ersterer die kritische und letzterer die dogmatische Einstellung zuordnete (C&R 50). Aber die dogmatische Einstellung, d.h. das Festhalten an Überzeugungen, auch wenn bestimmte Evidenz gegen sie spricht, ist psychologisch und methodologisch unerläßlich auch in der Wissenschaft, wenn es um die Weiterentwicklung bestimmter Theorienansätze geht.[24] Deshalb betont Popper und resümiert: „Das alles zeigt nicht nur, daß ein gewisses Maß an Dogmatismus sogar in der Wissenschaft fruchtbar ist, sondern auch, daß die Falsifizierbarkeit oder Prüfbarkeit logisch gesehen nicht als ein sehr strenges Kriterium gelten kann". (A 53)

Von hier aus gesehen zeigen das wissenschaftliche und das philosophische Vorgehen gemeinsame Züge: vor allem durch die gemeinschaftliche Orientierung auf Probleme. Diese Probleme sind in der Regel außerwissenschaftlicher Art, praktische Probleme, zu deren Bewältigung die gezielte Verwendung von theoretischen Vermutungen erforderlich wird. Letztlich dient all unser Denken und Theoretisieren einem globalen Problemlösungsverhalten, nämlich unserem Überleben. Diese Akzentuierung des Zweckrationalen im menschlichen Erkennen gibt zugleich den Erkenntnisprodukten eine instrumentalistische Bewertung, obwohl Popper sich von Anfang an gegen den Instrumentalismus gewehrt hat. Vermutlich wollte Popper aber nur den exklusiven Instrumentalismus zurückweisen, der sagt, Theorien seien *nichts anderes als Instrumente* – und das würde seinem emphatischen Interesse am Wahrheitsbegriff widerstreiten.

Jedenfalls stellt sich der Erkenntnisgang für Popper dar als eine Sequenz von übernommenen Problemstellungen und tentativen Problemlösungen, die ihrerseits die Problemsituation *verändern.* D.h. keine Problemlösung ist endgültig, jede erzeugt Nachfolgeprobleme. Die Problemlösungsvorschläge bewirken so durch ihre Teillösungen letztlich nur Problemverschiebungen.

Popper, von dem man als Verfechter der Demarkation eher anderes erwarten sollte, hat sich mit der Problemorientierung der Wissenschaft entschieden gegen das Spezialistentum und Abgrenzungsmanöver der Zuständigkeiten gewandt. „Dies ganze Klassifizieren und Unterscheiden ist eine vergleichsweise unwichtige und oberflächliche Sache. Wir sind nicht Studenten irgendwelcher Disziplinen, sondern von Problemen. Und Probleme mögen quer durch die Grenzen irgendwelcher Fächer und Disziplinen gehen." (C&R 67)

Ich glaube, daß Popper mit diesem Verweis auf fächerübergreifende Problemstellungen einen ganz wichtigen Aspekt angesprochen hat, der gegenüber der arbeitsökonomisch und traditionell zu rechtfertigenden Spezialisierung und Arbeitsteiligkeit ins Feld geführt werden muß. Gerade die aus unserer Zivilisationskrise erwachsenden Probleme der Umweltbelastung, der Arbeitsverteilung und der Bewertung alternativer Lebensformen verlangen die Kooperation vieler Fachleute, deren Spezialsprachen allerdings kaum eine gemeinsame Arbeit zulassen. Hier wird der Problemdruck wohl zunehmend jene Zusammenführung von Kompetenz und Problemlösungsangeboten erzeugen müssen, zu der die philosophischen Plädoyers für Interdisziplinarität unter der Idee eines „Ganzen" nicht gereicht haben.

c) Das explikative Argument

Die beiden erstgenannten Aspekte zeigen metaphysisches Denken in einer Orientierung, die zum Zuwachs an empirischem

Wissen beitragen will, sei es durch Anregung, sei es durch Kritik. Aber die primäre wissenschaftstheoretische Aufgabe besteht darin, uns einen Begriff von der Wissenschaft zu verschaffen. Wir möchten verstehen, was Wissenschaft ist, soll, vermag, wodurch sie sich als solche konstituiert, wie sie zu anderen Erkenntnisweisen steht etc. Wie oben gezeigt (vgl. Kap. II.1), war es diese Aufgabe, die Popper verstärkt an die Kantische Erkenntnistheorie hatte anknüpfen und positivistische Rekonstruktionsprogramme als unakzeptabel zurückweisen lassen.

In der Nachfolge transzendentaler Reflexion (LdF 319) fragt Popper nach Bedingungen, unter denen wir das Vorgehen der empirischen Wissenschaft verstehen können. Hier werden „metaphysische" Erklärungsangebote gemacht, die nicht selbst zum empirischen Erkenntnisfortschritt, sondern zu dessen Verständnis beitragen wollen: eine genuin metawissenschaftliche Aufgabe.

Poppers Option für den Realismus wird aus dieser Warte begründet: „Die Aufgabe der empirischen Wissenschaft, die [...] darin besteht, befriedigende Erklärungen zu finden, kann kaum verstanden werden, wenn wir nicht Realisten sind". (OE 227)

Überraschenderweise erklärt Popper mit Hilfe des Realismus auch den Umstand, daß all unser Wissen notwendigerweise Vermutungswissen ist, d.h. den definitiv hypothetischen Status der wissenschaftlichen Theorien. „Wenn der Realismus wahr ist, wenn wir Tiere sind, die sich an ihre Umgebung anzupassen suchen, dann kann unser Wissen nur eine Sache von Versuch-und-Irrtum sein, wie ich es gezeigt habe. [...] Wenn der Realismus recht hat, können wir nicht erwarten oder erhoffen, mehr als ein Vermutungswissen zu erhalten." (PS I 102)

Hierher gehören auch die Annahmen der Uniformität der Natur und ihrer Regularität. Dies sind Annahmen, Überzeugungen, die jeder Vorgehensweise der empirischen Wissenschaftler notwendigerweise zugrunde liegen. Sie lassen sich jedoch nicht mit den Mitteln der empirischen Wissenschaft rechtfertigen. Über den Status von subjektiven Überzeugungen lassen sie sich nur dadurch erheben, daß sie auf dem Boden metawissenschaftlicher Erwägungen thematisiert werden und sich als konstitutive Momente der Erfahrungswissenschaft erweisen.

So haben Poppers Überlegungen zum Abgrenzungsproblem das merkwürdige Resultat, daß nicht eine Trennung von Metaphysik und Wissenschaft forciert wird, sondern eine enge Kooperation und Verflechtung beider im Dienste des Erkenntnisfortschritts anzuerkennen ist.[25]

5. *Das Ziel der Wissenschaft und die Idee der Wahrheit*

Popper sieht in der *Logik der Forschung* und später[26] die Suche nach Erklärungen als das Ziel der Wissenschaft, und er meint genauer: befriedigende Erklärungen, wobei diese Qualifikation an der Güte (Tiefe) der in der Erklärung benutzten Theorie festgemacht wird. Sie soll in hohem Maße prüfbar sein, einfach, universal, genau, welches nur verschiedene Aspekte des empirischen Gehaltes sind. Aber solchen Kennzeichnungen wie Erklärungs- und Prognosekraft haftet zweifellos ein instrumentalistischer Hauch an, den Popper gerne loswerden wollte, um seinen wissenschaftlichen Realismus zu voller Geltung kommen zu lassen. Dies sollte durch die Aufnahme des semantischen Wahrheitsbegriffs geschehen.

Den Grundstein für diesen Schritt hat Alfred Tarski mit seinen Untersuchungen über den „Wahrheitsbegriff in den formalisierten Sprachen" gelegt.[27] Popper traf Tarski, der gerade mit der Korrektur der Druckfahnen seiner Arbeit beschäftigt war, in Prag 1934 und im Jahr darauf in Wien. Popper war tief beeindruckt.

Früher hatte Popper erklärt, in seinem Aufbau der Erkenntnislogik auf den Gebrauch der Begriffe wahr und falsch verzichten zu können (LdF 219). An ihre Stelle sollten metasprachliche Prädikate der Ableitbarkeit treten. Das war Poppers Reaktion auf die harte Kritik, die Philosophen wie Schlick an dem Wahrheitsbegriff geübt hatten (C&R 223). Durch Tarskis Arbeit wurde diese Situation grundlegend geändert. Wenn Popper grundlegend sagt, dann meint er mehr als Tarskis Definitionsvorschlag, ja er stellt die Ergebnisse von Tarski, der seine Untersuchungen auf formalisierte Sprachen eingeschränkt hatte, in einen weiteren Rahmen: Popper sieht Tarskis eigentliche Errungenschaft nicht „in der erfolgreichen Beschreibung einer Methode für die Definition von ‚wahr'", sondern in dem Umstand, daß er eine „Korrespondenztheorie der absoluten oder objektiven Wahrheit erneuert hat und so zeigte, daß wir frei sind, unsere intuitive Idee von Wahrheit als Übereinstimmung mit den Tatsachen zu gebrauchen. Die Ansicht, seine Theorie sei nur auf formalisierte Sprachen anwendbar, halte ich für falsch. Sie ist anwendbar auf jede konsistente und – mehr oder weniger – ‚natürliche' Sprache."[28] Zugleich versteht Popper Tarskis Wahrheitstheorie als „Stützung des metaphysischen Realismus" (OE 351).

Wenn Popper erklärt, „er habe nie so viel von sonst jemand gelernt" und könne deshalb Tarski als seinen eigentlichen Lehrer in der Philosophie bezeichnen (OE 350), so ist damit wohl vor allem die Abwendung von seinem methodologischen Reduktionismus[29] gemeint, das Abstreifen der zeitweiligen positivistischen Befangenheit, die Befreiung von Verschämtheit bei metaphysischen Thesen. Die erste Frucht davon ist die Verbindung des Wahrheitsbegriffs mit dem Realismus, die nun beide zur Zielbestimmung der Wissenschaft herangezogen werden.

Der auf Aristoteles zurückgehende Adäquations- oder Korrespondenzbegriff der Wahrheit – als einer Übereinstimmung von Aussage und behauptetem Sachverhalt – schien durch die Beschränkung auf die „formale Rede" (Carnap) unbrauchbar, destruiert zu sein. Es ließen sich immer nur Sätze mit Sätzen vergleichen, ein Vergleich „mit der Wirklichkeit" war eine unhaltbare Vorstellung sinnloser Metaphysik. Diese Kritik sprach also zugunsten eines Kohärenzbegriffs von Wahrheit, den insbesondere O. Neurath favorisierte, während der Adäquationsbegriff das metaphysische Stigma der Transzendenz trug. Hinzu kam, daß durch das Auftreten der „Wahrheitsantinomien" (Russell) der Wahrheitsbegriff auch in formalem Kontext unter Verdacht geraten war. – Tarski hatte nun zur Lösung dieser Probleme so etwas wie ein philosophisches Ei des Kolumbus gefunden, indem er streng zwischen zwei Sprachebenen unterschied: der Objektsprache und der Metasprache. In der Objektsprache sind die Aussagen formuliert, mit denen wir etwas über die Gegenstände des Untersuchungsbereichs behaupten; in der Metasprache werden Behauptungen über objektsprachliche Aussagen formuliert. Durch die Trennung dieser beiden Sprachebenen werden die aus der Selbstbezüglichkeit entspringenden semantischen Antinomien vermieden.

Popper benutzt Tarskis Unterscheidungen, um den Wahrheitsbegriff als Übereinstimmung von Aussage und Sachverhalt zu rekonstruieren, indem er drei Sorten von Ausdrücken einführt:

(1) *Namen von Aussagen,* wobei die Aussagen der Objektsprache angehören; im allgemeinen bilden wir solche Namen, indem wir den betreffenden Satz zitieren, d.h. in Anführungszeichen setzen. Dadurch können wir Aussagen *über* Aussagen machen.

(2) *Aussagen, die jene Tatsachen beschreiben,* auf die wir uns objektsprachlich beziehen; wir müssen also auch in der Metasprache über Sachverhalte reden können.

(3) *Ausdrücke, in denen die Beziehung zwischen Ausdrücken des 1. und des 2. Typs bezeichnet wird:* z.B. „X entspricht genau den Tatsachen“ oder „X entspricht den Tatsachen genau dann, wenn y“.

In einer „semantischen Metasprache“, die durch die Erfüllung dieser Minimalforderungen definiert ist (Tarski), läßt sich formulieren, was es heißt, wahre Aussagen zu machen bzw. eine Entsprechung von Aussage und Sachverhalt zu behaupten (OE 353f.).

Um dies an einem trivialen Beispiel zu erläutern, kann man Englisch als Objektsprache und Deutsch als Metasprache wählen. Dann kann man sagen: Die Aussage „snow is white“ ist wahr genau dann, wenn Schnee weiß ist. Oder: Die Aussage „snow is white“ ist in Übereinstimmung mit den Tatsachen genau dann, wenn Schnee weiß ist. Allgemein formuliert: „X“ ist wahr genau dann, wenn x; wobei „X“ als Name für die objektsprachliche Aussage steht und x für den metasprachlich beschriebenen Sachverhalt, der auch in der Objektsprache beschrieben ist (OE 354).

Freilich müssen wir uns darüber im klaren sein, daß die Rehabilitierung des Wahrheits*begriffs* nichts mit dem Verfügen über ein *Kriterium* der Wahrheit zu tun hat. Auch wenn wir expliziert haben, in welchem Sinne wir den Wahrheitsbegriff zu verstehen haben, verfügen wir über keinen Prüfstein, der uns wahre und falsche Sätze sicher trennen ließe. – Da uns kein Kriterium der Wahrheit zur Verfügung steht, ändert sich an der fallibilistischen Position nichts, alles Wissen bleibt Vermutungswissen. Dennoch sieht sich Popper durch Tarski instand gesetzt, dem Wahrheitsbegriff mehr Raum zu geben, seine rein falsifikationistische Rekonstruktion der Wissenschaft positiv zu ergänzen. Das drückt sich in der Zielangabe des Prozesses gradueller Verbesserungen aus, der nach wie vor für die empirische Wissenschaft charakteristisch bleibt: In der *Logik der Forschung* war dieser Prozeß beschrieben als Sequenz von Theorien mit immer größerem empirischen Gehalt (= Erklärungskraft); nach der Bekanntschaft mit Tarskis Arbeiten sagt Popper: „Das Ziel der Wissenschaft ist also die Wahrheit: Wissenschaft ist Wahrheitssuche." (AdS 51) Diese regulative Idee der „absoluten Wahrheit" sucht Popper umzusetzen für die Kennzeichnung des empirischen Erkenntnisfortschritts. Von der Folge theoretischer Innovationen sagt Popper nun, es sei eine Sequenz von Theorien, die der Wahrheit immer näher kämen, die immer „wahrheitsähnlicher" werden. Die Annäherung an die Wahrheit, d. h. das Streben nach der einen wahren Theorie, ist das Ziel der Wissenschaft,[30] und zwar insofern diese in einem ständigen Fortschritt begriffen bleibt. „Das Streben nach Wahrheitsähnlichkeit ist also ein klareres und wirklichkeitsnäheres Ziel als das Streben nach Wahrheit." (OE 71) Die Vorstellung gradueller Verbesserungen inspirierte Poppers Konzept des Fortschritts. Im Wahrheitsbegriff ist dieses Moment des Graduellen zunächst verschwunden. Die Idee der Wahrheitsähnlichkeit soll ihm das Mittel an die Hand geben, die Idee der explanativen und prädiktiven Verbesserungen mit der Idee der Wahrheit zu verbinden (C&R 234).

Am Begriff der Bewährung läßt sich diese neue Perspektive leicht verdeutlichen. In der *Logik der Forschung* ist die Bewährung einer Theorie nichts anderes als der Bericht über die fehlgeschlagenen Widerlegungsversuche. Daß eine Theorie also positive Konsequenzen hat, daß sie sich „bewährt", erscheint als nichtintendiertes Faktum beim Versuch, sie zu falsifizieren. Nun aber soll Wahrheit, d.h. Übereinstimmung mit der Wirklichkeit selbst, das Ziel der Wissenschaft sein und den Progreß verständlich machen. Der Grad der Annäherung an die Wahrheit soll ein Bewertungskriterium für die Akzeptabilität von Theorien abgeben. Popper will also das alte Problem der komparativen Theorienbewertung nun mit anderen Mitteln fortsetzen. Wie versucht Popper, seine neue Idee von der Wahrheitsähnlichkeit der Theorien, verisimilitudo, zu explizieren? Was soll es heißen, daß eine Theorie *besser* mit den Fakten übereinstimmt als eine andere?

Ausgehend vom Theorienvergleich hinsichtlich der zunächst benutzten Kriterien Erklärungskraft, Präzision, Prüfbarkeit etc. realisiert Popper, daß die gemäß diesen Kriterien vorzuziehende Theorie immer auch den größeren empirischen Gehalt hat. Der empirische Gehalt war definiert als die Menge der von der Theorie verbotenen Basissätze. Jetzt greift Popper auf die Menge der Folgerungen der Theorie, ihren logischen Gehalt, zurück, um die Idee der Wahrheitsähnlichkeit zu entwickeln. Betrachtet man die Menge der logischen Folgerungen aus einem Satz, der wahr ist, so müssen auch alle Konsequenzen wahr sein. Ein falscher Satz wird sowohl wahre wie falsche Implikationen haben. Da wir über kein Kriterium der Wahrheit verfügen, können wir natürlich nicht wissen, ob ein Satz wahr ist. Wir sind sogar berechtigt anzunehmen, daß sich Sätze, die wir für wahr halten, früher oder später als falsch erweisen werden (jedenfalls wenn wir Theorien im Sinn haben). Wir dürfen also für den Vergleich weder die definitive Wahrheit noch Falschheit zugrunde legen. Sätze, mögen sie nun wahr oder falsch sein, können – das ist Poppers Idee – gleichwohl mehr oder weniger Wahrheit „enthalten" und mehr oder weniger Falsches. Die Konsequenzenmenge eines Satzes wird also in zwei Teilklassen zerlegt. Popper nennt die Klasse der wahren Konsequenzen eines Satzes *a* den Wahrheitsgehalt von *a*, und die Klasse der falschen Konsequenzen den Falschheitsgehalt von *a*. „Angenommen, daß der Wahrheitsgehalt und der Falschheitsgehalt zweier Theorien t_1 und t_2 vergleichbar sind, dann können wir sagen, daß t_2 wahrheitsähnlicher ist oder besser mit den Tatsachen übereinstimmt als t_1 genau dann, wenn: (a) der Wahrheitsgehalt von t_2, aber nicht der Falschheitsgehalt, den von t_1 übertrifft; (b) der Falschheitsgehalt von t_1, nicht aber der Wahrheitsgehalt, den von t_2 übertrifft." (C&R 233)

Nimmt man nun überdies an, daß diese Folgerungsmengen überhaupt meßbar sind, dann kann man die Wahrheitsähnlichkeit (VS) einer Aussage *a* definieren als die Differenz von Wahrheitsgehalt (Ge_w) und Falschheitsgehalt (Ge_f):

$Vs(a) = Ge_w (a) - Ge_f (a)$.

Der Vorteil dieses neuen Maßes der „Wahrheitsähnlichkeit" gegenüber der alten „Erklärungskraft" liegt auf der Hand: im empirischen Gehalt ist überhaupt nichts bezüglich der positiven Instanzen gekennzeichnet. Wie wir früher sahen, ist eine Serie von Theorien mit wachsendem empirischem Gehalt durchaus mit der Annahme verträglich, daß jeder Test eine Falsifikation darstellt – sicher ein sehr dubioser Erkenntnisfortschritt. Hier nun liegt die Auszeichnung der Theorien beim steigenden Wahrheitsgehalt und abnehmenden Falschheitsgehalt, so daß dem Moment der deskriptiven Angemessenheit Rechnung getragen wird. Insofern ist hier ein Merkmal von Aussagen eingefangen, das man als Wahrheitsähnlichkeit beschreiben kann.

Popper ist der Meinung, daß dieses Maß denselben objektiven Status hat wie die Vorstellung von der objektiven oder absoluten Wahrheit. Eine Theorie mit maximaler *verisimilitudo*, deren Falschheitsgehalt gleich Null wäre und deren Wahrheitsgehalt *alle* Phänomene erfassen würde, wäre ja auch identisch mit der einen, wahren Theorie. Aber da wir diese Theorie mit maximaler *verisimilitudo* natürlich nicht haben, kann es bei der Beurteilung der relativen Wahrheitsnähe auch nicht um ein Maß des Abstands von diesem Ziel gehen, sondern um eine komparative Beurteilung der Theorien, die vorliegen. So hat Newtons

Mechanik, trotz ihrer Widerlegung durch Einstein, ihre Überlegenheit gegenüber den Theorien von Galilei und Kepler nicht verloren, d. h. der Theorienvergleich wird von den de facto Widerlegungen nicht berührt, ist eine objektive Charakterisierung der logischen Beziehungen, die zwischen den verschiedenen Theorien bestehen.

Allerdings steht die Idee Poppers von Graden der Wahrheitsähnlichkeit unter starken formalen Schwierigkeiten, die mehr oder weniger jeder der vielen Varianten, die Popper ausgearbeitet hat, entgegenstehen. Selbst wenn man die starken Voraussetzungen, die Popper selbst macht (Vergleichsmöglichkeit der Theorien, Meßbarkeit der logischen Gehalte), zugesteht, ergeben sich unakzeptable Konsequenzen; z. B. läßt sich die *verisimilitudo* von falschen Theorien nicht vergleichen, wie Popper sich das denkt, weil man zeigen kann, daß für alle falschen Sätze die Wahrheits- und Falschheitsgehalte von gleicher Mächtigkeit sind.[31] Deshalb man kann nicht von zwei falschen Theorien, wie Popper oben im Beispiel von Galilei, Kepler und Newton annahm, sagen, daß die eine einen größeren Grad der *verisimilitudo* hat als die andere.[32] Auch die Vorstellung von dem einen invarianten Ziel, an das sich die Wissenschaft in der Folge ihrer Theorien immer mehr annähert, ist nicht ohne Probleme, vor allem wird sie in Widerspruch zum evolutionstheoretischen Ansatz gesehen. Diese erkenntnistheoretische Idee ähnelt der alten Vorstellung von der Evolution, nach der der Schöpfer die Richtung der organischen Entwicklung auf ein Ziel hin führt.[33]

Eine prinzipielle Schwierigkeit für die Objektivität der Beurteilung von Theorien gemäß dem Grade der Wahrheitsähnlichkeit liegt schließlich darin, daß wir nur in Verbindung mit faktischen Tests herausfinden können, ob eine Theorie einen Wahrheitsgehalt hat und welchen bzw. einen Falschheitsgehalt und welchen. Nur über de facto Bewährungen können wir feststellen, daß der Wahrheitsgehalt nicht Null ist.

Popper hat deshalb die Forderungen für empirischen Fortschritt erweitert (C&R 240–8). Früher hatte er formale Eigenschaften, wie unabhängige Prüfbar*keit,* Falsifizierbar*keit,* angegeben. Jetzt realisiert er, daß dem die materiale Forderung nach *de facto* Bewährungen hinzutreten muß. Wir müssen verlangen, daß eine Theorie auch wirklich Tests besteht, nicht nur daß sie in hohem Maße prüfbar ist. „Früher nahm ich an, daß die Wissenschaft stagnieren und ihren empirischen Charakter verlieren würde, wenn wir keine Falsifikationen erhalten würden. Jetzt können wir sehen, daß aus ganz ähnlichen Gründen die Wissenschaft stagnieren und ihren empirischen Charakter verlieren würde, wenn wir keine Verifikationen von neuen Voraussagen erhalten würden." (C&R 244) Natürlich, wenn Wahrheit als regulative Idee der Forschung fungieren soll, dann muß man die Anreicherung des Wahrheitsgehaltes der Theorien forcieren, dann wird die Forderung nach empirischem Erfolg eine notwendige Bedingung für Fortschritt. „Denn es ist allein dieser Erfolg, der zeigt, daß die neue Theorie wahre Konsequenzen (das heißt einen Wahrheitsgehalt) hat, wo die alten Theorien falsche Konsequenzen (das heißt einen Falschheitsgehalt) hatten." (C&R 246) Deshalb ist Popper bereit, den Kontext rein formaler Kriterien zu erweitern und pragmatische und historische Bestimmungen, wie den empirischen Erfolg, zur Kennzeichnung des empirischen Charakters der Wissenschaft aufzugreifen.[34] Nur widerwillig ist Popper bereit zu diesem Zugeständnis, das ihn nötigt, sich mit „einem Hauch von Verifikationismus und Instrumentalismus abzufinden". (C&R 248)

Genauso wenig wie wir wissen können, ob eine Theorie wahr ist, können wir wissen, wie groß der Wahrheitsgehalt einer Theorie ist. Mithin bleibt unsere Beurteilung der Theorien nach wie vor angewiesen auf die Auflistung der empirischen Erfolgsgeschichte einer Theorie. Aber auch ein noch so hoher Bewährungsgrad gibt keinerlei Garantie für die zukünftige Haltbarkeit einer Theorie; es gibt keine Möglichkeit für Popper, diesen historischen Bericht über den Erfolg einer Theorie in eine objektive Aussage von Wahrheitsnähe umzumünzen.[35] Also bleibt er letztlich bei den Kriterien stehen, die er als zu instrumentalistisch hatte hinter sich lassen wollen; über den Wahrheitsbegriff eine realistische Position zu legitimieren, ist Popper nicht gelungen; der Bewährungsgrad bleibt nach wie vor das relevante Gütezeichen einer Theorie.

Die Propensitäts-Interpretation der Wahrscheinlichkeit

Schon in der *Logik der Forschung* ist Popper mit der Frage konfrontiert, ob der Bewährungsgrad einer Theorie den Regeln der Wahrscheinlichkeitsrechnung genügt, ob diese Akzeptabilität einem Grad der Wahrscheinlichkeit entspricht.[36] Die enge Orientierung der Wahrscheinlichkeitstheorie an Vorstellungen einer induktiven Logik, „logic of confirmation", schloß nach seiner negativen Lösung des Induktionsproblems auch eine kritische Analyse des Wahrscheinlichkeitskalküls ein, in der es Popper darum ging, die Neutralität der Wahrscheinlichkeitstheorie gegenüber jeder erkenntnistheoretischen Interpretation zu zeigen. Popper gab also eine rein formalistische Rekonstruktion, indem er ein Axiomensystem für den Kalkül der Wahrscheinlichkeit entwickelte und wichtige Theoreme ableitete.[37] All das diente nur dem Nachweis, daß der Bewährungsgrad einer Theorie nicht den Regeln des Wahrscheinlichkeitskalküls folgt. Bedenkt man jedoch, daß die Wahrscheinlichkeitstheorie damals gerade erst in ihren Anfängen stand, jedenfalls hinsichtlich Axiomatisierung und Begründung, so hat Popper unhängig von der apologetischen Motivation durchaus Pionierarbeit auf diesem Gebiet geleistet; das gleiche kann man auch von seinen Beiträgen zur Häufigkeitsinterpretation der Wahrscheinlichkeit sagen, wo er sich mit R. v. Mises und H. Reichenbach auseinandersetzt, worauf hier jedoch nicht eingegangen werden kann.[38]

Popper hat in letzter Zeit[39] eine eigenständige Interpretation des Wahrscheinlichkeitskalküls entwickelt, für die er den Namen Propensitäts- oder auch Inklinations-Interpretation gewählt hat. Wahrscheinlichkeiten sollen verstanden werden als objektiv bestehende Tendenzen, einen bestimmten Zustand anzunehmen, als „Verwirklichungstendenzen". Mit dieser Auffassung stellt sich Popper gegen ein Verständnis von Wahrscheinlichkeit, das probabilistische Wirklichkeitsaussagen in der Unkenntnis des Subjekts verankert sieht. Man spricht daher auch von subjektiver oder persönlicher Wahrscheinlichkeit. Die Wahrscheinlichkeitsgrade messen nach dieser Auffassung den Grad des Fürwahrhaltens, des subjektiven Glaubens über das

Eintreten von Ereignissen. Es ist ein Maß des Risikos, das jemand bereit ist, hinsichtlich einer bestimmten Behauptung einzugehen. Es handelt sich also um *Hypothesen*-Wahrscheinlichkeit. Die Propensitäts-Interpretation geht auf *Ereignis*-Wahrscheinlichkeit. Poppers Vorwurf gegen die Theorien der subjektiven Wahrscheinlichkeit ist, daß sie zwar die Axiome der Wahrscheinlichkeitsrechnung erfüllen, daß sie aber in der Wissenschaft unbrauchbar seien, weil subjektive Grade des Fürwahrhaltens nicht intersubjektiv testbar seien. Die Propensitäten sprechen dagegen den Dingen in einem objektiven und nachprüfbaren Sinn bestimmte Tendenzen und Neigungen zu, der Möglichkeitsbegriff wird als eine objektive Modalität verstanden. Popper sieht eine gewisse Verwandtschaft mit dem Aristotelischen Begriff der Dynamis, ja mit dem Kraftbegriff der Vitalisten (vis vitalis) – aber allein der empirische Erfolg soll die Frage der Akzeptanz der Propensitäts-Interpretation entscheiden, es wird keine metaphysische Legitimation angeboten (PS I 359). Popper versteht seine Theorie der Verwirklichungstendenzen als eine empirische Hypothese, in Konkurrenz zu existierenden physikalischen Interpretationen der Quantenmechanik. Damit setzt diese Interpretation in einer bestimmten Weise das Programm von Poppers Realismus fort – als Verstärkung des Bollwerks gegen den Subjektivismus –, sie empfiehlt sich jedoch auch durch formale Vorteile gegenüber der Häufigkeits-Interpretation.

Popper läßt gelegentlich den Eindruck entstehen, als betrachte er seine Auffassung als einen Gegenentwurf zur Häufigkeits-Interpretation. Aber es ist wohl angemessener, sie als eine Variante davon zu verstehen, die bestimmte Schwierigkeiten vermeidet. R. v. Mises, der die Häufigkeits-Interpretation entwikkelt hat, definiert die Wahrscheinlichkeiten als *Grenzwerte unendlicher Zufallsfolgen*, d.h. über *Kollektive* von Ereignissen, für die die Existenz eines Spielsystems auszuschließen ist. Von daher ergeben sich zwei Schwierigkeiten: (1) wie kann man sicher sein, daß eine bestimmte Folge (z.B. eine unendliche Folge von Null und Eins) tatsächlich eine *Zufallsfolge* ist?; und (2) was kann man überhaupt über *Einzelereignisse* sagen? Zum ersten Problem haben Popper, Reichenbach u.a. Verbesserungen vorgeschlagen, die sehr ähnlich aussehen. Hingegen scheint Poppers Propensitäts-Interpretation die erste nicht-subjektivistische Interpretation von Einzelereignissen zu liefern. (Mit Einzelereignissen hatten die Vertreter der subjektiven Wahrscheinlichkeit noch nie Probleme; denn der Grad der Überzeugung kann sich auf Ereignisfolgen wie auf Einzelereignisse beziehen.)

Der Begriff der Propensität steht in Analogie zu Dispositions-Prädikaten, die als Eigenschaften, unter gegebenen Bedingungen auf bestimmte Weise zu reagieren, aufgefaßt werden, Zerbrechlichkeit z.B. Für Popper sind jedoch alle Prädikate der Physik Dispositions-Prädikate: sie sagen etwas über mögliche Reaktionen in Testsituationen. Ein Kraftfeld ist eine bessere Analogie; denn hier führen wir eine nicht beobachtbare Größe ein, die das Verhalten von Teilchen erklären soll (PS I 351). Wenn wir dem Elektron eine bestimmte Ladung zuschreiben, dann meinen wir, daß wir bei fortgesetzter Messung unter gleichen Bedingungen auch gleiche Werte erhalten würden, jedenfalls spricht unser theoretisches Wissen über Wechselwirkungen von physikalischen Entitäten mit Meßgeräten so. Popper betrachtet Propensitäten als physikalische Eigenschaften, gleichsam als verborgene Ursachen oder Kräfte, die bei Wiederholung eines Ereignisses zu Folgen mit bestimmten Eigenschaften führen. Damit ist in eine probabilistische Aussage mehr eingeschlossen als lediglich die Datenmengen, die die Ereignisfolgen eines Häufigkeits-Theoretikers bilden. Es muß hier ein Wissen in Rechnung gestellt werden, wie die Ereignisfolgen erzeugt wurden: ein Wissen um die experimentelle Situation. Ob z.B. eine (normale) Münze mit der Hand geworfen wurde, wobei die Anfangsbedingungen des Wurfes als zufällig betrachtet werden können, oder ob eine Maschine mit sehr exakten Einstellungen die Münze warf, die ganz bestimmte Resultate erwarten läßt. Mit dem Wissen über diese Maschine bzw. allgemein über die Erzeugungsbedingungen eines bestimmten Resultats im Hintergrund ist es nun sinnvoll, auch probabilistische Aussagen über Einzelereignisse zu machen und einem einzelnen

Wurf eine bestimmte Wahrscheinlichkeit zuzuordnen. Damit geht empirisches Wissen aus den jeweiligen Wissensgebieten in die Anwendung der Wahrscheinlichkeitsrechnung ein. Propensitäten lassen sich nicht als a priori Wahrscheinlichkeiten verteilen, denn „Wahrscheinlichkeit, kann man nun sagen, ist eine *Eigenschaft der erzeugenden Bedingungen*" (PS I 356).

Natürlich muß Popper erklären, wie probabilistische Gesetze empirisch überprüft werden können. Auch nach der Propensitäts-Interpretation behalten diese Aussagen einen hypothetischen Status, sind genuine Vermutungen. Wie also lassen sie sich testen? Das Verfahren der Falsifikation, wie eingangs geschildert, geht von Gesetzen nicht-statistischen Charakters aus und ist so nicht anwendbar. Einzelfälle, die von einem statistischen Gesetz abweichen, falsifizieren nicht das Gesetz, sie sind nicht verboten. Popper hat sich für diese Frage an den Verfahren orientiert, die die Statistiker zur Auszeichnung signifikanter Tests verwenden, und sich im übrigen auf den Nachweis beschränkt, daß diese mit seinem Falsifikationismus verträglich sind. Hier kann auf die Schwierigkeiten und Poppers Versuche, sie zu beheben, jedoch nicht eingegangen werden.[40]

Wie wichtig diese Fragen jedoch im Rahmen der Philosophie Poppers sind, kann man daran ermessen, daß Popper einen Indeterminismus vertritt. Poppers Plädoyer für den Indeterminismus reicht weit über den Kontext der Quantenmechanik hinaus. Wir werden ihm im Kontext der praktischen Philosophie wieder begegnen. Die Destruktion des Determinismus scheint ihm eine notwendige Voraussetzung für die Vertretung von Freiheit, Kreativität und Rationalität zu sein, darin ganz an Kants Diktum erinnernd, daß er die theoretische Vernunft einschränken mußte, um Platz für die praktische zu erhalten. Jedoch diskutiert Popper das Verhältnis von Determinismus und Indeterminismus hauptsächlich in kosmologischem Zusammenhang bzw. als eine Position der Physik. Nicht zuletzt bekämpft er den Determinismus, weil er in ihm die Grundlage für die Theorien der subjektiven Wahrscheinlichkeit sieht, wie es seit Laplace vertreten wurde. Popper widmet den zweiten Band des *Postscript* der Diskussion verschiedener Formen des Indeterminismus. Wird der Indeterminismus als die ontologische Grundposition ausgezeichnet, dann nehmen die statistischen Gesetze die Rolle von Grundgesetzen an. Die Quantenmechanik mit ihren Wahrscheinlichkeitsgesetzen wird von Popper nicht als ein nur vorläufiger Zustand der Physik betrachtet, der dereinst wieder von einer deterministischen Theorie abgelöst wird, wie es Einstein angenommen hatte. Die Quantenmechanik wird andererseits in der Kopenhagener Interpretation als die Festung des Subjektivismus in der Physik angesehen. Deshalb ist eine Interpretation der Quantenmechanik gemäß den realistischen Gesichtspunkten der Propensitäten nicht nur irgendeine Anwendung unter anderen, sondern ein zentraler Prüfstein der Angemessenheit von Poppers Wissenschaftsphilosophie.

Der dritte Band des *Postscript* ist hauptsächlich diesem Themenfeld gewidmet.[41] Allerdings hat Poppers Arbeit seitens der Physiker bislang kaum Beachtung gefunden, obwohl es häufige Berufung auf ihn in methodologischer Hinsicht gibt. Mit seiner antisubjektivistischen Interpretation der Quantenmechanik schwimmt Popper jedoch gegen den Strom und findet keine Partner. „In fact, the physicists have for the most part simply ignored Popper."[42]

Poppers Antisubjektivismus ist jedoch nicht nur eine Quelle der Inspiration für Popper, ist nicht nur der Stein des Anstoßes, der ihn zwingt, Gegenvorstellungen zu entwickeln, sondern blockiert z. T. auch seine Vorgehensweise und Einschätzungen. R. Ackermann hat darauf hingewiesen, daß Popper die erstaunliche Konvergenz von subjektiven und objektiven Ansätzen in der Zuschreibung von Wahrscheinlichkeiten nicht zur Kenntnis nimmt,[43] und daß „seine Verwerfung des modernen Subjektivismus zu abrupt" sei. Ähnliches kann man von seiner Einstellung gegenüber dem Ansatz der Wissenschaftssoziologie sagen. Indem Popper überall nur den zu bekämpfenden Subjektivismus am Werk sieht, fixiert er eine unzureichende Vorstellung vom Erkenntnissubjekt und begibt sich der Möglichkeit, einen angemesseneren Begriff von der Rolle des Subjekts im Kontext objektiver Erkenntnis zu entwickeln. Wir werden diese Beob-

Abb. 2: Karl Popper ca. 1967

achtung auch im Rahmen seiner Auffassung vom „objektiven Geist" machen. Daß im übrigen eine größere Offenheit in epistemologischer Hinsicht nicht einhergehen muß mit einer Abschwächung der Kritik, konnten wir an Poppers Erstlingsschrift feststellen.

III. Poppers Sozial- und Geschichtsphilosophie

Poppers Sozialphilosophie in ihrem Verhältnis zur theoretischen Philosophie ist, entgegen dem ersten Anschein, nicht einfach zu bestimmen und in der Forschung unterschiedlich bestimmt worden. Zu sagen, es handle sich um eine „Anwendung" der theoretischen Erkenntnisse auf die der Praxis, hilft wenig, solange wir nicht wissen, was es heißen soll, eine Methode empirischer Naturforschung in einer durch zielorientiertes Handeln geprägten Domäne der Praxis zu verwenden.

Auch wenn Popper selbst sagt, daß er versuche, „die Anwendung der kritischen und rationalen Methoden der Wissenschaft auf die Probleme der offenen Gesellschaft zu analysieren" (OG I 21), also die Anwendbarkeit allererst prüfen will, darf nicht übersehen werden, daß die theoretische Philosophie im Rahmen der *Logik der Forschung* noch nicht voll entwickelt ist. Vielmehr kommt es zur Ausbildung der Position des „kritischen Rationalismus", einer Position, die nun gezielt über die Methodologie der empirischen Wissenschaft hinausgeht, erst und gerade in Verbindung mit der Ausarbeitung der sozialphilosophischen Fragestellungen.

Es ist sinnvoll, zwei Momente zu trennen: (1) Poppers wissenschaftstheoretisches Interesse an den Methoden der Sozialwissenschaften; (2) Poppers moralisch-politisches Engagement im Sinne aufgeklärter Selbstbestimmung des Menschen. Das erste Moment führt auf die Kritik am „Historizismus" und ist inspiriert vom Methodenideal, das die *Logik der Forschung* exponiert hatte. Das zweite führt zur Ausbildung des Werte- und Normensystems der „offenen Gesellschaft", favorisiert Individualismus und Autonomie. Diese beiden Momente lassen sich nicht auf einen einheitlichen Punkt, schon gar nicht den der bloßen Methodologie, bringen. Poppers theoretische und praktische Philosophie sind nicht monistisch zu interpretieren;[1] die

Dualität von Fakten und Normen gehört für ihn zum unaufgebbaren Kantischen Erbe.

1. Das Elend des Historizismus

Unter Historizismus[2] versteht Popper eine bestimmte „Philosophie der Geschichte". Grundlegend ist die Annahme, daß die Entwicklung der Gesellschaft von universellen Gesetzen beherrscht sei, die die verschiedenen Stadien der Entwicklung einer Notwendigkeit folgend auseinander hervorbringen. Hier steht also eine Orientierung am Naturgesetz vor Augen. Und ähnlich wie in der Naturwissenschaft die Gesetze die Grundlage für eine erfolgreiche Prognostik bilden, versuchen die Historizisten die Geschichtsgesetze zur Grundlage langfristiger historischer Prognosen zu nehmen. Jedoch ist der Historizist, wie ihn Popper versteht, keineswegs auf eine positive Orientierung an der Naturwissenschaft festgelegt; es gibt vielmehr neben dieser „pronaturalistischen" Variante auch eine „antinaturalistische" Variante des Historizismus.

Der antinaturalistische Historizist betont die wesentliche Verschiedenheit von Natur- und Sozialwissenschaft bezüglich der Methoden, der Ziele, der Gegenstandsbestimmungen. So wird er insbesondere die Verwendung quantitativer, mathematischer Methoden ablehnen, eine ganzheitliche Betrachtungsweise („Holismus") zugrundelegen, einer Erkenntnis von Wesenheiten („Essentialismus") zuneigen. D.h. er wird „Was ist"-Fragen zu beantworten suchen, „Was ist der Staat?", „Was ist Gerechtigkeit?", und ein Verstehen durch „Intuition" für unerläßlich halten, weil allein Intuition dem Verstehen des Individuellen gerecht werden könne. Es liegt eigentlich für Popper nahe, den Antinaturalismus mit dem Historizismus zu identifizieren, wenn man ihn einfach als Gegenbild der naturwissenschaftlichen Methode konstruiert. Und so sagt er denn auch, „der Historizist ist grundsätzlich antinaturalistisch" (EdH 29). Es ist der Methodologe in Popper, der zu dieser Identifikation neigt. Andererseits lehnt Popper mit dem „Historizismus" auch geschichtsphilosophische Überzeugungen ab, die sich der naturwissenschaftlichen Methode in einem positiven Sinn versichern möchten. So hat insbesondere Comte seine Idee der Sozialwissenschaft am naturwissenschaftlichen Ideal orientiert. Marx hat seine Ökonomietheorie in fast positivistischer Orientierung an der Naturwissenschaft entwickelt. Läßt sich das, was Popper an diesen Historizisten kritikwürdig findet, tatsächlich auf ein Mißverständnis der physikalischen Methode zurückführen? Kann Popper allen Ernstes behaupten, daß eine falsche Auffassung von der logischen Form physikalischer Theorien, von den Testmethoden, von der Rolle von Beobachtung und Experiment die Wurzel des Historizismus ist, er sich mithin in seiner Kritik auf den Nachweis dieses Mißverständnisses der Physik und der daraus resultierenden Konsequenzen beschränken kann? (EdH 2) Wir werden sehen, daß andere als rein methodologische Gesichtspunkte die Kritik bestimmen. Hier werden wir Poppers Hochschätzung des Individualismus, seinen Indeterminismus, seinen Interventionismus antreffen. Gemäß den beiden Varianten des Historizismus, der pro- bzw. anti-naturalistischen, ist Poppers Schrift in vier Kapitel gegliedert, wobei die ersten beiden der „Analyse", die letzten beiden der „Kritik" gewidmet sind.[3]

Popper hat zunächst die Orientierung der Sozialwissenschaftler *auf Prognostik* als das Charakteristikum des Historizisten angesprochen und den Historizismus als Überbleibsel alten Aberglaubens. Aber das ist mißverständlich; denn erstens hängt unser Interesse an der wissenschaftlichen Erkenntnis ganz allgemein mit dem Interesse an Prognostik (und Erklärung) zusammen – was Popper nicht müde wird zu unterstreichen –, und zweitens soll die Wissenschaft doch der Bewältigung praktischer Probleme zugute kommen; die Handlungsmöglichkeiten sollen durch die Forschung verbessert werden, was zweifellos Prognostik voraussetzt. Popper kann also nicht schlicht das Interesse an Prognostik zum Kennzeichen des Historizismus machen. Was Popper im Sinn hat, ist die Intention, besser: der intellektuelle und praktische Rahmen, in dem Prognosen erstrebt werden. Er unterscheidet zwischen „technologischen" und „prophetischen“ Prognosen, wobei es aber jeweils die Kontexte sind, die den eigentlichen Unterschied markieren: erstere sind auf eine Praxis des „Sozial-Ingenieurs“ gerichtet, letztere versprechen Einsicht in unvermeidlich eintretende Ereignisse, sind „Prophezeiungen“.

Während also die technologische Prognose einem auf gezielte Intervention bedachten Akteur zugeordnet ist, steht die prophetische im Bannkreis des Unvermeidlichen, des historisch Notwendigen. Das Moment des Historizismus in der Prophetie hängt mithin an dem Typus von *Gesetzen,* die hier der Geschichte untergelegt werden. Es sind deterministische Gesetze, die die verschiedenen Stadien einer historischen Entwicklung notwendig miteinander verknüpfen sollen. „Historical destiny“, die These vom schicksalhaften Gang der Geschichte, dem nicht zu entkommen ist, hält Popper aber für reinen Aberglauben. Wir sehen damit die auf Verantwortung und Autonomie gegründete Möglichkeit der Intervention in soziale Prozesse einerseits und den allgemeinen Indeterminismus andererseits als die eigentlichen Träger der Kritik Poppers am Historizismus. Erst hier ist der Boden erreicht, auf dem Poppers Begriff des Historizismus als Fehlform der Sozialwissenschaft angesiedelt ist. Entgegen landläufiger Auffassung und entgegen Poppers eigenen Äußerungen finden wir im *Elend des Historizismus* keine rein methodologische Kritik bestimmter Formen von Sozialwissenschaft, sondern eine Kritik auf der Grundlage normativer Setzungen bestimmter Art. Ein etwas diffus bleibender Humanismus prägt Poppers Position stärker als der methodenkritische Rationalismus, der ihn auch zu genauerer Prüfung der eigenen Vorschläge nötigen würde.[4]

Der dem Historizismus eigenen These von der Unentrinnbarkeit des *fatums,* setzt Popper die These von der Unprognostizierbarkeit der Geschichte entgegen, wobei hier die langfristige, verläßliche Prognose gemeint ist. Im Vorwort zur Buchausgabe von EdH erklärt Popper: „Ich habe gezeigt, daß es uns unmöglich ist, aus rein logischen Gründen, den künftigen Gang der Geschichte vorauszusagen.“ Aber natürlich müssen bestimmte Prämissen akzeptiert werden, damit die Konklusion von der

Unprognostizierbarkeit der Geschichte gefolgert werden kann. Zwei Prämissen sind von besonderem Gewicht: (1) Der Gang der Geschichte sei stark beeinflußt vom Wachstum des menschlichen Wissens; (2) das künftige Wachstum wissenschaftlicher Erkenntnis sei durch keinerlei Methoden zu prognostizieren. Beide Annahmen (Interventionismus und Irrationalität des schöpferischen Erkenntnisaktes) sind stark mit Poppers eigenem Ansatz verknüpft, und es ist fraglich, ob er dafür die allgemeine Zustimmung erhalten kann, die er annimmt. Wenn allerdings die Entwicklung der Wissenschaft nicht prognostizierbar ist und die Wissenschaft den Gang der Geschichte aktiv beeinflußt, dann ist der Gang der Geschichte nicht prognostizierbar.

Definiert das, was Popper Historizismus nennt, überhaupt eine einheitliche Position? Sicher hat noch kein einzelner Philosoph all die Ansichten vertreten, die Popper als charakteristisch für den Historizismus angibt, sondern sie finden sich bei verschiedenen „Historizisten" in unterschiedlichem Umfang und mit verschiedenen Akzentuierungen.

Es scheint deshalb am sinnvollsten, bestimmte zentrale Thesen separat zu diskutieren, um daran Poppers Auffassung von der Gesellschaft und den Sozialwissenschaften kennenzulernen. Da der Begriff des Historizismus letztlich zu unbestimmt bleibt, scheint es mir auch nicht sinnvoll zu sein, zu fragen, ob Poppers Widerlegung des Historizismus erfolgreich war (ist) oder nicht.[5]

Wir sahen schon, daß eine bestimmte Auffassung von den Gesetzen der Gesellschaft bzw. ihrer geschichtlichen Entwicklung für den Historizismus charakteristisch ist. Diese Auffassung verbindet sich mit einem „Holismus", einer ganzheitlichen Vorstellung, die Popper ebenfalls für spezifisch historizistisch hält. Popper faßt in dem Begriff Holismus mindestens drei verschiedene Dinge zusammen: (1) Die Nicht-Isolierbarkeit einzelner Elemente (Individuen) im Ganzen; dahinter steht meist eine organismische Vorstellung von der Gesellschaft. (2) Den Vorrang des Kollektivs (z. B. der Klasse, der Rasse, des Staates) vor den Individuen; die Kollektive sind nicht primär dazu da, den Individuen zu nützen, sondern die Individuen haben dem

Ganzen zu dienen. (3) Ein „Eigenleben" der Sozialgebilde, der Institutionen, gemäß eigenen Gesetzen; manchmal wird dies auch durch die Formel ausgedrückt, das Ganze sei mehr als die Summe der Teile.

Die Vorstellung von einem Eigenleben der Gesellschaft über die Lebensbezüge der Individuen hinaus beruft sich zu ihrer Legitimation auf übergreifende geschichtliche Zusammenhänge, Traditionen, *in denen die Individuen stehen,* die sie aber als Individuen nicht hervorbringen können. Popper stellt dieser Auffassung den „methodologischen Individualismus" entgegen. Bei aller Betonung der Rolle von Institutionen in der Gesellschaft bezieht Popper die Position, daß alle gesellschaftlichen Ereignisse erklärt werden müssen im Rückgriff auf *Handlungen von Individuen.* Individuen bzw. ihre Aktionen bilden für Popper gleichsam eine Reduktionsbasis gesellschaftlicher Ereignisse: was immer wir als gesellschaftlichen Effekt eines Kollektivs oder einer Institution behaupten, muß sich rekonstruieren lassen als Resultat individuellen Handelns. Popper sagt: „... denn die wahre Aufgabe der Sozialtheorie ist die Konstruktion und sorgfältige Analyse unserer soziologischen Modelle mit Hilfe deskriptiver oder nominalistischer Begriffe, d.h. aufgrund der Auffassung, daß diese Modelle auf *Individuen beruhen,* auf deren Haltungen, Erwartungen, Beziehungen usw. – ein Postulat, das man als ‚methodologischen Individualismus' bezeichnen kann." (EdH 107)

Diese These birgt offensichtlich Schwierigkeiten in sich. Sie steht *prima facie* in Konflikt mit Poppers Antisubjektivismus in der Erkenntnistheorie. Wenn er dort die Idee einer „Epistemologie ohne erkennendes Subjekt" vertritt (im Namen der Objektivität des Wissens), warum behauptet er dann in der Handlungstheorie nicht nur die Unverzichtbarkeit des Individuums, sondern dieses sogar als Reduktionsbasis aller gesellschaftlichen Vorgänge?[6] Sie steht in Konflikt mit Poppers positiver Theorie der Tradition, die zu den Entitäten der Welt des objektiven Geistes zählt, deren Status unabhängig vom individuellen Bewußtsein ist. Und sie steht in Konflikt mit direkten Aussagen Poppers über gesellschaftliche Prozesse. So sagt er: „Das soziale

Leben ist nicht nur eine Stärkeprüfung zwischen entgegengesetzten Gruppen – es ist Handeln in einem mehr oder weniger elastischen oder spröden Rahmen von Institutionen und Traditionen, und es führt – wenn wir von bewußten Gegenhandlungen absehen – zu vielen unvorhergesehenen Rückwirkungen innerhalb dieses Rahmens, zu Rückwirkungen, die zum Teil sogar unvorhersehbar sein können." (OG II 120f.)

Popper spricht hier den Gruppen und dem „Rahmen von Institutionen und Traditionen" durchaus eine Wirkmöglichkeit zu, und er bestimmt an der zitierten Stelle die Aufgabe des Sozialwissenschaftlers in Beziehung auf sie: „Die Hauptaufgabe der Sozialwissenschaften besteht nun, wie ich glaube, in dem Versuch, diese Rückwirkungen zu analysieren und sie soweit als möglich vorherzusehen." (ebda.)

Es hat also den Anschein, als wollte Popper nur den *primären* Status von handelnden Individuen behaupten, während die Rückwirkungen und Modifikationen durchaus den Institutionen zugesprochen werden dürfen. Das ist aber dann nicht im strengen Sinn ein methodologischer Reduktionismus, sondern eher eine These über die Unersetzbarkeit individueller Auslöser für soziale Prozesse. Rückwirkungen von den Institutionen auf bestimmte, d.h. vor allem in bestimmter Absicht unternommene Handlungen „braucht" Popper ja vor allem, um so etwas wie ein Problem, eine Aufgabe des Sozialwissenschaftlers zu bekommen; denn wenn alle Konsequenzen eines Handelns identisch wären mit den intendierten, woher sollten sich dann Probleme ergeben? Die Probleme liegen in den nicht-intendierten Folgen zielorientierten sozialen Handelns, und diese ergeben sich aus den Rückwirkungen des institutionellen Rahmens, in dem das entsprechende Handeln erfolgt. So reagiert z.B. „der Markt" sensibel auf den Kaufakt eines Investors durch ein Anziehen der Preise, was sicher nicht in der Intention des Investors liegt.

Popper muß also gewisse Momente des Holismus [vgl. oben (3)] entgegen seinem Prinzip des methodologischen Individualismus in seine Theorie der Gesellschaft aufnehmen.[7] Aber auch von seiner eigenen Methodologie her scheint Popper den Holismus nicht so einfach ausschließen bzw. zum Grundstein des Historizismus erklären zu können. Poppers Methodologie der empirischen Wissenschaft verlangt ja, wie wir sahen, im Falle der Falsifikation die Theorie en bloc zu eliminieren. Der Akt der Falsifikation betrifft die Theorie als ganze (es ist ein zweiter Gedanke, ob und welche „Teile" der alten Theorie einer Nachfolgetheorie eingebaut sein sollten). Es ist deshalb argumentiert worden, daß Popper, wenn er seinen methodologischen Standards in der Sozialwissenschaft folgte, zu einer holistischen, zu einer „revolutionären" Einstellung geführt würde.[8] Auch wenn Popper kein methodologischer Holist ist wie Duhem, so schließt die Falsifikation doch einen einheitlichen Theoriebegriff ein, und das würde ihn zum Einschluß von (1) in seine Sozialphilosophie führen. Somit bliebe vor allem (2) als der eigentliche Kritikpunkt am Historizismus bestehen, und das hat weniger mit einem methodologischen als mit einem Werteproblem zu tun.

Andererseits darf nicht übersehen werden, daß der Holismus von Popper attackiert wird im Namen der Erfahrungsbasis für eine Sozialwissenschaft. Hier argumentiert Popper in Analogie zu den kontrollierten Experimentiersituationen naturwissenschaftlicher Forschung. Der Experimentator wird bei der Prüfung seiner Hypothesen immer versuchen, nur einen Parameter in der experimentellen Anordnung zu ändern, alle anderen konstant zu halten, um abschätzen zu können, welche Effekte er welchen verursachenden Faktoren zurechnen darf. Ähnlich wird der Sozialwissenschaftler nur dann über die Zusammenhänge zwischen Handlungen und ihren sozialen Effekten etwas in Erfahrung bringen können, wenn er möglichst viele Faktoren konstant zu halten vermag, um die Auswirkungen gezielter Intervention genau zu registrieren. Diese Situation ist aber bei der holistischen, bei der revolutionären Veränderung am wenigsten erfüllt. Also sind Revolutionen abzulehnen, weil die durch sie erzeugte Situation dem wissenschaftlichen Lernenkönnen am krassesten entgegensteht. Popper bezieht hier also durchaus eine methodologische Position: die sozialphilosophische Stückwerkstechnologie empfiehlt sich durch die Analogie mit dem experimentellen Lernen.

Man kann sich allerdings fragen, ob Popper hier die Gesichtspunkte einer Forschungshaltung nicht überbewertet bzw. allzu naiv auf die Situationen gesellschaftlicher Entwicklung überträgt. Denn, wer immer meint, es ließen sich bestimmte Verbesserungen nur durch revolutionäre Schritte erreichen, will nicht optimal lernen, sondern bestimmte Übelstände beseitigen, bestimmte Rahmenbedingungen verändern, so daß die gesellschaftliche Entwicklung insgesamt anderen Steuerungsprinzipien folgt. Mag manchmal mehr die Beseitigung eines unerträglichen Elends, manchmal mehr die Erreichung eines idealen neuen Zustandes im Vordergrund stehen, immer sind es praktische Ziele, die angestrebt werden, und keine forscherischen.

Darüber ist sich Popper natürlich im klaren. Die Abwägung zwischen revolutionären Schritten und kleinen Schritten einer reformerischen Sozialtechnologie ist zuerst eine Frage der *Verantwortlichkeit.* Revolutionäre Schritte lassen sich, wenn überhaupt, nur in ganz geringem Maße in ihren Verläufen überblikken oder beeinflussen. Eine solche Veränderung geht mit großen Verlusten und Opfern einher. Darf das Risiko dieser Opfer und Verluste eingegangen werden? Wie soll das Risiko überhaupt abgeschätzt werden, wenn der Ausgang einer Revolution nicht nur prinzipiell unsicher ist, sondern erfolgreiche Umstürze des alten Regimes häufig nur zu Terror unter neuer Herrschaft führen, die Inhalte der Revolution aber verfehlt werden?

Popper meint, daß der Historizist im Vertrauen auf die vermeintlich unverletzlichen historischen Gesetze das Risiko revolutionärer Entwicklung unterschätzt. Er wird im Zweifel ein Risiko eingehen, das er als verantwortlich Handelnder nicht eingehen darf. Der Politiker, dem Leben und Wohl der Menschen anvertraut sind, und der Sozialwissenschaftler, der ihn berät, sind so aufgrund ihrer jeweiligen Verantwortung verpflichtet, ein Höchstmaß an Kontrolle für soziale Veränderungen zu beachten, um Schaden fernzuhalten. Verantwortung gebietet auch, nur solche Aktionen vorzunehmen, deren Ausgang überschaubar ist, so daß die Vorgehensweise gemäß der Stückwerkstechnologie unter praktischer Perspektive geboten ist. Stückwerks- und holistische Technologie unterscheiden sich in der Praxis „nicht so sehr in der Größenordnung und im Bereich ihrer Aktionen wie in der Vorsicht und in dem Vorbereitetsein auf die unvermeidlichen Überraschungen“ (EdH 55).

Damit ist die Kritik Poppers am Utopismus berührt, die nicht mit dem Holismus identisch, aber doch sehr eng mit ihm verbunden ist. Da nämlich die Planungen des Holisten nicht auf Erfahrungen gegründet sind, die ja nur durch eine Technologie der kleinen Schritte zu erwerben sind, beschreibt Popper die holistische Planung als „utopisch“; „denn eine wissenschaftliche Basis für ihre Pläne ist einfach nirgends zu finden.“ (EdH 67) Andererseits könnte ein Holist doch Popper gegenüber antworten, daß gemäß der Wissenschaftsauffassung des kritischen Rationalismus Erfahrung durch „trial and error“, durch Versuch und Irrtum erfolge. Daß mithin ein Lernen aus Erfahrung durchaus möglich sei, zumal die negativen Erfahrungen, das Scheitern an der Erfahrung die eigentliche Lernmöglichkeit darstelle. Also könne ein Holist so gut wie ein Reformer aus der Erfahrung lernen. – Die Antwort Poppers ist teils technischer, teils moralischer Art. Es gibt gleichsam Fehler, die zu groß sind, als daß man noch aus ihnen lernen könnte (EdH 70). Selbst wenn man der zentralen Planungsinstanz eine unbegrenzte und unveränderliche Gutwilligkeit unterstellen würde, so wäre die Situation immer noch die, daß die Konsequenzen der Aktion nicht abzuschätzen sind, und es wäre unverantwortlich, auf einer solchen Grundlage zu handeln.

Es ist deutlich geworden, in wie hohem Maße der Sozialtechnologe Poppers auf eine zuverlässige Prognostik angewiesen ist. Muß er dafür nicht im Besitz von Gesetzen sein, deren Existenz er doch gerade dem Historizisten bestritten hatte? – Dazu sind zwei Bemerkungen angebracht. (1) Popper leugnet nicht so etwas wie soziologische Gesetze. Er führt deren sogar eine ganze Menge an: z.B. „Man kann keine Revolution machen, ohne eine Reaktion zu verursachen“, „Man kann keine Vollbeschäftigung haben ohne Inflation“ u.dgl. (EdH 50). Alle Beispiele, die Popper gibt, sind von diesem qualitativen Typus. R. Ackermann hält sie für vage und fast tautologisch, jedenfalls scheinen sie ihm ganz und gar ungeeignet für Erklärungen und Prognosen zu sein.[9] Gleichwohl will Popper an der Stelle die Gleichartigkeit von Sozialwissenschaft und Naturwissenschaft hervorheben; für ihn sind die angeführten Beispiele also in Analogie zu den physikalischen zu sehen. Sie lassen sich präzisieren, sie lassen sich testen und schließlich für Prognosen und Erklärungen verwenden. Mit einem Wort, durch diese Klasse von Aussagen ist die Arbeit des Sozialingenieurs als wissenschaftliche charakterisiert. Wenn Popper also den Historizisten die Berufung auf Gesetze bestreitet, dann nicht auf Gesetze dieses Typus', sondern er meint holistische Gesetze, die die *Gesamtentwicklung* der Gesellschaft betreffen. – (2) Popper hat in seiner Sozialphilosophie auch ein Analogon zu den holistischen Entwicklungsgesetzen, nämlich die „Trends". Von Trends oder Tendenzen in einer Gesellschaft darf durchaus die Rede sein. Aber man darf Trends nicht mit Gesetzen verwechseln. Trends können sich ändern – Gesetze nicht. Gesetze sind universell quantifizierte Aussagen, d.h. uneingeschränkte Allaussagen – Trends sind singuläre Existenzaussagen, sie behaupten, daß es zu einer bestimmten Zeit in einer bestimmten Gesellschaft einen bestimmten Trend gibt. Das Anhalten eines Trends oder sein Umschwung sind in hohem Maße vom Vorliegen bestimmter Randbedingungen abhängig, die sehr schwer zu kontrollieren sind. Deshalb sind Prognosen, die sich auf Trends stützen, besonders riskant. Wer also Trends mit Gesetzen verwechselt, wird das Risiko, das in seinen Prognosen steckt, nicht angemessen erfassen.

Die Arbeit des Sozialingenieurs hängt damit ganz entschieden vom Wissen um soziologische Gesetze ab, Trends eingeschlossen. Was jedoch haben wir genauer unter Sozialtechnologie zu verstehen? Popper meint, daß wir *de facto* in der Gesellschaft ständig am Experimentieren sind: „Die Einführung einer neuen Art von Lebensversicherung, einer neuen Art von Besteuerung, einer neuen Strafreform – all das sind soziale Experimente, die auf die ganze Gesellschaft zurückwirken, ohne sie als Ganzes umzuformen. Selbst ein jeder, der einen neuen Laden eröffnet oder der sich eine Theaterkarte reserviert, führt eine Art Sozialexperiment im kleinen Maßstab durch: all unser Wissen von sozialen Bedingungen beruht auf den Erfahrungen, die wir beim Anstellen derartiger Experimente gewonnen haben." (OG I 220f.)

Popper überbetont hier das Bescheidene, das Kleine, um sich möglichst stark vom Holismus abzuheben. Worauf es jedoch ankommt, ist, den Experimentierbedingungen mechanischer Technik möglichst nahe zu kommen, z.B. Wiederholbarkeit eines Schrittes zu erreichen, was sicher nicht für revolutionäre Schritte gelten kann. Im Unterschied zum naturwissenschaftlichen Experimentator arbeitet der Sozialingenieur nicht im Labor, sondern inmitten der Gesellschaft, d.h. unter realen Bedingungen. Diese größere Realitätsnähe zwingt zu größerer Vorsicht und Verantwortung; denn sie involviert Betroffene: die sozialen Erkenntnisse lassen sich nur unter Bedingungen gewinnen, die auch Leid für soziale Gruppen und Individuen einschließen. Gerade weil die Effekte bestimmter sozialer Aktionen so wenig sicher prognostizierbar sind, sollte der Sozialreformer versuchen, solche Bereiche zunächst zu bearbeiten, in denen es möglich ist, die Fehler zu korrigieren, d.h. wo es möglich ist, das Lernen aus den Fehlern in den Vorgang selbst noch einzubringen. So sollte möglichst nur eine Institution zu einer bestimmten Zeit einer Veränderung unterworfen werden, weil dann Erfolg und Mißerfolg eindeutiger zu beurteilen sind.

Jedoch kann die „Ad-hoc-Technik" nicht das letzte Wort sein. Jeder Reformer wird eine Perspektive nötig haben, sonst wird er orientierungslos herumexperimentieren. Zielvorstellungen gehören zum Rüstzeug des Sozialingenieurs, wie ihn Popper sich vorstellt. „Der typische Stückwerks-Ingenieur wird folgendermaßen vorgehen. Er mag zwar einige Vorstellungen von der idealen Gesellschaft ‚als Ganzem' haben – sein Ideal wird vielleicht die allgemeine Wohlfahrt sein – aber er ist nicht dafür, daß die Gesellschaft als Ganzes neu geplant wird. Was immer seine Ziele sein mögen, er sucht sie schrittweise durch kleine Eingriffe zu erreichen, die sich dauernd verbessern lassen." (EdH 53f.) Zwar wird an der Stelle nicht die *allgemeine* Angewiesenheit des Sozialingenieurs auf Ideen thematisiert – dies ist, wie seine These von der Unmöglichkeit des theoretischen Vakuums zeigt, eine Selbstverständlichkeit für Popper. Er sagt hier vielmehr, daß der Sozialingenieur sogar *ideale* Vorstellungen haben mag, er wird jedoch in jedem Fall Schritt für Schritt vorgehen.

Allerdings scheint Popper anzunehmen, daß in einer Gesellschaft keine unlösbaren Probleme hinsichtlich der Auszeichnung letzter Werte bestehen. Er hält die mit der „offenen Gesellschaft“ verbundenen Werte für allgemein akzeptabel, und der Sozialingenieur hat sie sich gleichsam immer schon zu eigen gemacht. Die Sozialtechnik der Einzelprobleme ist dann die *Methode*, die gemäß den Werten der offenen Gesellschaft zu befolgen geboten bzw. rational ist, die aber die Ziele selbst nicht definieren kann.

Zu einem gewissen Grad allerdings beeinflußt Poppers Methode die Zielvorstellung. Es war ein Prinzip des Utilitarismus gewesen, das größtmögliche Glück für die größtmögliche Zahl zu erreichen. Popper meint demgegenüber, daß ein Anwalt der Ad-hoc-Technik eher versuchen sollte, die „größten und dringlichsten Übel in der Gesellschaft zu identifizieren und zu beseitigen“. Statt der größten Glückseligkeit für die größte Zahl, fordert Popper das „kleinste Maß an vermeidbarem Leid für alle“. Dieser „negative Utilitarismus“, der die Beschaffung des Glücks durch die Beseitigung des Elends ersetzt, hat eine Entsprechung in der theoretischen Philosophie, insofern es dort auch nicht um die Etablierung von Wahrheit geht, sondern um die Beseitigung von Irrtum.

Hinsichtlich des Verhältnisses von Sozial- und Naturwissenschaft vertritt Popper eine Auffassung, nach der beide sehr eng aneinander rücken, zwar keinen einheitswissenschaftlichen Standpunkt, aber doch einen der einheitlichen Methode. Formen von Sozialwissenschaft bzw. von Psychologie, die dem Methodenideal, das in der *Logik der Forschung* entwickelt wurde, nicht genügen, verdienen nicht den Titel Wissenschaft, sondern werden von Popper als Pseudo-Wissenschaft rubriziert, so die Theorien von Marx, Freud und Adler. Popper scheint nur einen signifikanten Unterschied zwischen Sozial- und Naturwissenschaften gelten zu lassen, wofür er den Ausdruck „Ödipus-Effekt" einführt, ein Ausdruck, der sich nicht gehalten hat, sondern der durch den von R. K. Merton eingeführten der „self-fulfilling prophecy" abgelöst wurde. Was der Ausdruck meint, ist leicht durch die Ödipus-Geschichte zu erläutern: Das Orakel – Ödipus werde seinen Vater töten und seine Mutter heiraten – trat gerade dadurch ein, daß zunächst der Vater und später Ödipus alles taten, um das Eintreten des Spruches zu verhindern. So wird das Erstellen einer Prognose im Bereich des Sozialen einen Einfluß auf das Eintreten des prognostizierten Ereignisses haben. Bekanntermaßen beeinflussen Wahlprognosen das Wählerverhalten in einem nicht unbeträchtlichen Umfang, so daß manche Wahlprognose eher in der Absicht, das Wählerverhalten zu beeinflussen, erstellt scheint, als die reale Meinungssituation zu charakterisieren. Damit ist die Frage nach der Wahrheit der Prognose im sozialwissenschaftlichen Bereich nicht zu beantworten, weil das die Unabhängigkeit der Fakten von den Prognosen voraussetzt, womit Poppers Analogie von Sozial- und Naturwissenschaft zusammenbrechen würde. Dieser Punkt war ein wichtiges Argument im sogenannten „Positivismusstreit". Popper scheint diese Differenz für nicht so gravierend zu halten. Der Ödipus-Effekt erzeugt zwar, wie er meint, spezifische Schwierigkeiten für die Soziologen, aber zwingt nicht zur Preisgabe der methodologischen Standards aus der *Logik der Forschung*.

Poppers Vorgehensweise der Reform in kleinen Schritten birgt weitere Probleme. So scheint Popper anzunehmen, daß das, was in kleinen ad-hoc-Schritten gelernt wurde, sich auch einfach in größerem Maßstab anwenden lasse. Aber das ist durchaus fraglich. Soziale Institutionen, die in überschaubaren Gruppen in der wünschenswerten Art funktionieren, können in größerem Rahmen disfunktional werden. Und außerdem nimmt Popper offenbar an, daß die für eine offene Gesellschaft kennzeichnenden Institutionen *in nuce* schon in jeder existierenden Gesellschaft vorhanden sind; denn nur dann können die Methoden fortschreitender Reform zu den erstrebten Resultaten führen. Es ließen sich aber leicht gesellschaftliche Verhältnisse konzipieren, unter denen es zu einer Blockade jeder reformerischen Aktivität käme. Würde Popper in einer solchen Situation nicht drastischere Mittel der Veränderung in Erwägung ziehen müssen, gerade wenn er das offensichtliche und unerträgliche Elend eliminieren will?

Die Vorsicht, zu der Popper in sozialen Aktionen mahnt, steht offensichtlich in Konflikt zu der Kühnheit, die er vom theoretischen Forscher verlangt. Wird diese Empfehlung der Zurückhaltung nicht eher zur Verhinderung von nötigen Reformen führen als zu ihrer Durchführung? Wird das allgemeine Plädoyer Poppers zugunsten des Fortschritts in kleinen Schritten nicht eher in konservativer Verteidigung des status quo als in seiner Überwindung enden?[10] Kann Popper institutionelle Sicherungen angeben, die die Entwicklung der offenen Gesellschaft in Gang halten und in Richtung auf das gewünschte Ziel?

2. *Die offene Gesellschaft und ihre Feinde*

Die beiden sozialphilosophischen Hauptschriften Poppers gehören zusammen, nicht nur weil sie fast gleichzeitig entstanden sind, sondern weil die eine das eher abstrakte Gerüst der Historizismuskritik gibt, während die andere konkrete Kritik an bestimmten Hauptvertretern des Historizismus übt. Zwar nennt Popper auch im *Elend des Historizismus* Namen und hat in der zweiten Hälfte des Buches vor allem Marx im Visier, aber die konkretere Auseinandersetzung findet sich in der *Offenen Gesellschaft.* Dort wird im ersten Band vor allem Kritik an Plato geübt, im zweiten an Hegel und Marx. Diese Kritik ist scharf, und sie behauptet, daß in diesen Philosophien Formen totalitären Denkens vorliegen, daß in ihnen Wegbereiter des Faschismus und Rechtfertigungen der Tyrrannei des Staates zu sehen sind. Es ist wohl diese schockierend offene Kritik an den beiden Heroen der antiken Philosophie, an Plato und Aristoteles,[11] dafür verantwortlich zu machen, daß das Buch zunächst keine Verleger finden konnte. Diese Kritik empfand man als Sakrileg, die an Marx und Hegel eher berechtigt.[12] Das kurze Vorwort zur ersten englischen Ausgabe beschränkt sich denn auch bezeichnenderweise darauf, den Beweggrund dafür anzuführen, daß in dem Buch „harte Worte über einige der größten geistigen Führer der Menschheit fallen". Er ist in der Überzeugung zu suchen, „daß wir, wenn unsere Kultur weiterbestehen soll, mit der Gewohnheit brechen müssen, großen Männern gegenüber unsere geistige Unabhängigkeit aufzugeben [...] Unsere Furcht vor einer teilweisen Kritik dieses Erbgutes kann die Zerstörung des Ganzen zur Folge haben." (OG I 5f.) „Geistige Führer" stellen eine Gefahr dar, der durch die Stärkung des Autonomiegedankens der Aufklärung begegnet werden soll. Das „sapere aude", habe Mut, Dich Deines eigenen Verstandes zu bedienen, dieser Wahlspruch der Aufklärung in Kants Formulierung, ist ein Grundsatz der praktischen Philosophie Poppers, der ihn nötigt, gegen die Bevormundung durch Autoritäten anzugehen. Es ist deshalb der deutschen Ausgabe mit gutem Grund ein Radio-Vortrag vorangestellt, den Popper zum 150. Todestag von Kant gehalten hat: „Immanuel Kant: Der Philosoph der Aufklärung", und Popper widmet die deutsche Ausgabe dem Andenken des „Philosophen der Freiheit und Menschlichkeit Immanuel Kant".

a) Der Zauber Platos

Von A. Whitehead stammt der weitverbreitete Spruch, daß die Geschichte der Philosophie lediglich aus einer Reihe von Fußnoten zu Plato bestünde. Wenn Popper in Plato den Erzfeind der offenen Gesellschaft sieht und der Kritik seiner Philosophie fast den ganzen ersten Band der *Offenen Gesellschaft* widmet, dann drückt sich darin eine vergleichbare Gewichtung von Platos Einfluß auf die nach ihm kommende Philosophie aus.

Popper beschränkt sich in seiner Behandlung Platos keineswegs auf dessen Staatsphilosophie und die politischen Auffassungen. Er bezieht die Grundlagen, d.h. die Ideenlehre, in seine Kritik ein, und er widmet dem Verhältnis von Plato und Sokrates ausführliche Behandlung. Denn mit dem Angriff auf Plato geht einher eine Aufwertung des Sokrates der *Apologie*, an dem Popper, wie wir sahen, als Repräsentant einer kritischen Einstellung interessiert ist. Diese Seiten der Platokritik, die einerseits in rein philosophiehistorische und philologische Forschung eingreifen und andererseits in die philosophischen Fundamente, haben die Spezialisten auf den Plan gerufen, die dann versuchten, durch den Nachweis unzureichender Beachtung der historisch-philologischen Forschung auch die Kritik an Plato im ganzen zu schwächen und zu diskreditieren.[13] In unserem Zusammenhang scheint es nicht sinnvoll zu sein, der Frage nachzugehen, in welchem Maße neuere Forschungen die Ansichten von Popper stützen oder widerlegen, sondern auch hier werden wir Poppers Darstellung und Kritik an Plato und Marx primär als eine Folie verstehen und benutzen, vor der seine eigene Auffassung von der offenen Gesellschaft Kontur gewinnt, womit jedoch der Kritik nicht der Stachel gezogen sein soll.

Popper stellt die Position Platos in einen größeren historischen Rahmen. Der eigentliche Hintergrund für die ersten Schritte zur offenen Gesellschaft ist die stammesgebundene Gesellschaftsform, d.h. die Form der primitiven oder Urgesellschaften. Die stammesgebundene Gesellschaft, die durch extreme *Stabilität* gekennzeichnet ist, wird erstmals in der Epoche der griechischen Stadtstaaten durchbrochen. Popper identifiziert diesen Bruch mit der tribalen, geschlossenen Gesellschaft mit der „Entdeckung“ der kritischen Einstellung, die er in etwa mit der vorsokratischen Philosophie gleichsetzt.[14] Freilich gibt es auch dort Vertreter eines Denkens, das die Rückkehr zu antiquierten Formen der Gesellschaft favorisiert, worunter Heraklit besonders hervorragt. Es ist wohl allgemein akzeptiert, die Sophistik als eine erste Form der Aufklärung zu verstehen, die gegenüber der alten Adelsherrschaft in hohem Maße die demokratisch verfaßte Polis als ideal erstrebte. Das Athen der perikleischen Zeit entsprach diesem aufgeklärten Selbstverständnis in beträchtlichem Maße. In diesen Rahmen setzt Popper die Analyse Platos. Das hat auf jeden Fall mit der Frage zu tun, in welchem Maße Plato ein Reaktionär genannt werden kann, d.h. jemand, der sich gegen bestimmte, zu der Zeit verfügbare Denkrichtungen und politische Liberalisierungsbewegungen stellte. Denn häufig wird argumentiert, daß wir unsere modernen Maßstäbe nicht an die früheren Zeiten anlegen dürften. Gemessen an den alten Verhältnissen sei Plato ein vergleichsweise liberaler Denker gewesen, auch wenn zugestanden wird, daß er nie ein Vertreter des Demokratiegedankens war.[15] In dieser Hinsicht ist es zweifellos nicht nur eine philosophiehistorische Spezialität, ob Popper recht hat oder nicht, sondern die Bedeutung, die Plato im Rahmen einer Entwicklung des Gedankens der Humanität zugesprochen wird, hängt in der Tat von dieser Einbettung ab.[16] Und hier scheint die neuere Forschung Popper recht zu geben.

Wenn wir bedenken, daß der Historizist wesentlich durch eine bestimmte Auffassung von Geschichte charakterisiert ist, so ist es verwunderlich, daß Plato ein Hauptvertreter des Historizismus genannt werden kann; denn die Geschichte ist kein vorrangiges Thema der Platonischen Philosophie, und es ist argumentiert worden, daß der Gedanke der Geschichtlichkeit dem griechischen Kosmos-Denken fern lag und überhaupt erst mit der jüdisch-christlichen Tradition Eingang in die Philosophie fand.

Plato führt mit seiner Ideenlehre den Gedanken des Parmenides fort, daß das Sein durch und als Einheit begriffen werden müsse, die Vielheit und alle durch Vielheit bestimmten Prozesse und Veränderungen als „Schein“ anzusehen seien. Nach Plato sind die Ideen ewige Gestalten des Seins, die jeglichen Zeitbezug von sich ausschließen, sie sind unteilbar und unveränderlich, mithin keine Bestimmungen für einen interessanten Geschichtsbegriff. Wenn Popper gleichwohl Plato einen Historizisten nennt, dann weil er diese Philosophie der unveränderlichen Wesenheiten als Ausdruck einer bestimmten Einstellung gegenüber dem Phänomen des historisch-gesellschaftlichen Wandels sieht. M.a.W. Popper gibt der platonischen Ideenlehre eine Interpretation, derzufolge sie als Ideologie erscheint. Man muß, meint Popper, die Ideenlehre vor dem Hintergrund der politisch-praktischen Intentionen Platos interpretieren; dann wird ihre ideologische und historizistische Wurzel offensichtlich.

Plato war seiner Herkunft nach – er stammte aus einem alten Adelsgeschlecht – auf die Wahrnehmung politischer Aufgaben orientiert. Seine Lehre vom idealen Staat war nicht nur ein Spiel mit Gedanken; in mehrfachen Anläufen versuchte er, seine Vorstellungen zu verwirklichen und politischen Einfluß zu nehmen – vor allem auf dem Weg über Syrakus. An der Spitze des idealen Staates sieht Plato den Philosophen-König, der für alle anordnet, was sie zu tun und zu lassen haben, denn er allein weiß, was das Gute ist. Die Organisation des idealen Staates muß vor allem seine Stabilität garantieren; denn alle Veränderung ist für Plato Veränderung zum Schlechten hin, ist Verfall. Einerseits sind damit die idealen Formen überhaupt der Zeit enthoben, andererseits setzt Plato sie als einen archaischen Zustand im „goldenen Zeitalter" an. An ihm gemessen ist jede Entwicklung nur eine Verschlechterung, zu ihm muß man – so weit möglich – zurück; als ersten Schritt dazu gilt es, die Veränderung aufzuhalten.

Veränderung hat freilich nicht die neutrale Bedeutung einer Differenz zwischen altem und neuem Zustand, sondern es sind die Veränderungen gemeint, die mit der neu erstandenen Macht der Bürgerschaften in den Städten eintraten und den Verlust der Vormacht des alten Adels brachten. Diese *sozialen* Veränderungen gilt es zu bekämpfen, aufzuhalten, umzukehren; ihre Einbettung in einen kosmischen Rahmen, in einen Denkrahmen universeller Unveränderlichkeit, legt das Fundament für den Weg des politischen Überzeugens. Einerseits behauptet Plato eine Zwangsläufigkeit des Verfalls, der sich vom kosmischen, biologischen, historischen bis zum politisch-moralischen fortsetzt, andererseits zeigt er Möglichkeiten auf, diesen Prozeß zu korrigieren: allein der alles anordnende Herrscher – analog dem das Weltganze aufs Gute hin lenkenden Gott – vermag das Schicksal zum Besseren zu wenden. „Platon glaubte sicher an beides – an eine allgemeine historische Tendenz zum Verfall, wie auch an die Möglichkeit, daß wir den weiteren Verfall auf dem Gebiet der Politik vermeiden können, wenn wir nur *der politischen Veränderung Einhalt gebieten.* Dies ist also das Ziel, das er anstrebt." (OG I 46) Platos Historizismus stellt mithin eine spiegelbildliche Variante zu dem von Marx dar.

Ein Verdienst der Sophistik hatte in der Einsicht bestanden, daß die Normen, die das Zusammenleben der Menschen regeln, nicht von Natur aus so sind, sondern daß ihnen Konventionen zugrundeliegen, was auch ihre Verschiedenheit in verschiedenen Kulturen verständlich macht. Die Sophisten hatten den alten „Naturalismus" der Normen kritisiert und durch „Satzung", für die der Mensch verantwortlich ist, abgelöst. Plato erneuert demgegenüber wieder den Gedanken von Normen, die „von Natur aus" unveränderlich so und so sind. Dieser neue Naturalismus verbindet sich mit dem „Essentialismus": Plato fragt nach der Natur oder dem Wesen des Staates, des Staatsmannes, der Gerechtigkeit usw. Popper kritisiert dadurch an Plato einmal die Annahme invarianter Wesenheiten, die dem empirischen Lernenkönnen gegenüber unangemessen sind, zum andern auch den im Naturalismus implizierten Rassismus. Plato gibt im *Staat* dem Herrscher die Kompetenz, für die obere Klasse die Partner und den Zeitpunkt der Vermählung zu bestimmen; denn er ist gleichsam der Züchter der herrschenden Klasse, der nicht zulassen darf, daß sich die weniger gut geratenen mit den besseren mischen, wie das die Züchter guter Hunde oder Pferde seit langem praktizieren.

Was jedoch die Kritik Poppers am stärksten herausfordert, ist der in Platos Philosophie anzutreffende Zug des Autoritären, des Totalitären – auch und gerade weil er im Gewand des „Schönen und Guten" einherkommt. Popper listet die Grundelemente dieser totalitären Staatsstruktur auf:

„[A] Die strenge Klasseneinteilung; das heißt die herrschende Klasse, bestehend aus Hirten und Wachhunden, muß streng vom menschlichen Herdenvieh geschieden werden.

[B] Die Identifikation des Schicksals des Staates mit dem Schicksal der herrschenden Klasse; das ausschließliche Interesse an dieser Klasse und ihrer Einheit; und, im Dienste dieser Einheit, die starren Regeln zur Züchtung und Erziehung dieser Klasse sowie die strenge Überwachung ihrer Mitglieder und die Kollektivisierung aller ihrer Interessen.

Aus diesen Grundelementen lassen sich andere Elemente herleiten, zum Beispiel die folgenden:

[C] Die herrschende Klasse hat ein Alleinrecht auf Dinge wie kriegerische Tugenden und militärische Ausbildung; sie allein darf Waffen tragen, und sie allein hat Anspruch auf Erziehung jeglicher Art; sie ist aber von der Teilnahme an wirtschaftlicher Tätigkeit, insbesondere vom Geldverdienen, zur Gänze ausgeschlossen.

[D] Eine Zensur muß die gesamte intellektuelle Tätigkeit der herrschenden Klasse kontrollieren, während eine unausgesetzte Propaganda ihre Gedanken zu prägen und gleichzuschalten hat. Neuerungen in Erziehung, Gesetzgebung und Religion sind zu verhindern oder zu unterdrücken.

[E] Der Staat muß sich selbst versorgen können. Er muß nach ökonomischer Autarkie streben; sonst wären nämlich seine Herrscher entweder von den Händlern abhängig, oder sie würden selbst zu Händlern werden. Das eine würde ihre Macht, das andere ihre Einheit und das innere Gleichgewicht des Staates untergraben." (OG I 127f.)

Ein politisches Programm mit den angeführten Merkmalen, das vielleicht kein genaues Bild Platos gibt, aber sicher auch nichts aufnimmt, was nicht in den Schriften Platos steht, kann man mit gutem Recht totalitär nennen. Hinzu kommen zwei weitere Prinzipien: (1) Platos Verständnis von Gerechtigkeit, (2) das Führerprinzip.

(1) Das Thema der Gerechtigkeit ist Grundthema im *Staat*. Die von den Sophisten vertretene Vorstellung von Gerechtigkeit, die auf der Gleichheit aller Bürger fußt, wird von Plato abgelehnt. Nach Plato kann das Maß der Gerechtigkeit nur vom Idealstaat hergenommen werden: gerecht ist, was der Idee des Staates in Struktur und Zielbestimmung entspricht; die Aufrechterhaltung der invarianten Ordnung im Staat durch strikte Klassentrennung ist gerecht. Jeder soll im Staat nur *eine* Aufgabe ausfüllen, nämlich die ihm „von Natur aus" zukommt: die einen sollen herrschen, die anderen beherrscht werden. Der Gerechtigkeitsbegriff wird also bei Plato benutzt, um bestimmte Privilegien zu sichern, die wiederum zur Stabilisierung des status quo vergeben sind, so daß Popper mit Recht sagen kann: „Ich behaupte, daß er [Plato] im *Staat* den Ausdruck ‚gerecht' als Synonym für ‚das, was im Interesse des besten Staates gelegen ist', verwendet." (OG I 130) Das aber entspricht der modernen Definition totalitären Denkens: Recht sei, was dem Staate nützt. In Platos Theorie der Gerechtigkeit ist mithin ein bewußter Versuch zu sehen, „die gleichheitlichen, individualistischen und protektionistischen Tendenzen seiner Zeit zu

überwinden und die Forderungen des Stammes durch die Entwicklung einer totalitären Sittenlehre wiederherzustellen." (OG I 168)

(2) Aus der platonischen Definition von Gerechtigkeit ergibt sich als weitere Grundfrage das Problem: Wer soll herrschen? Der Weiseste! der Beste! ist die bekannte Antwort Platos, die so wenig nach Macht und Totalitarismus klingt, zumal die Erziehung des Philosophenherrschers auf nichts als die Wahrheit und das Gute ausgerichtet wird und er strengsten Prüfungen hinsichtlich seiner Tugend und Tüchtigkeit ausgesetzt wird. Kann man überhaupt mehr verlangen, als daß ein auf das Gute ausgerichteter, weiser und wahrhaftiger Mensch herrscht?

Gerade die Frage der Wahrhaftigkeit gibt zu Zweifeln an der humanitären Konzeption Anlaß. Denn Plato gestattet es dem Herrscher, alle Mittel zu gebrauchen, um die Staatsraison durchzusetzen – eingeschlossen die Mittel der Lüge und des Betrugs. Die Lüge ist im Munde des Herrschers kein Verrat an der Wahrheit, sondern ein erlaubtes Mittel der „Überredung". „Also kommt es in der Tat den Herrschern des Staates – wenn überhaupt jemandem – zu, Lügen zu verbreiten und die Feinde sowie die eigenen Bürger zum besten des Staates zu täuschen; und kein anderer darf dieses Vorrecht anrühren", sagt Plato im *Staat* (389 b) und läßt sogar philosophische Lügen-Mythen zu, wenn dadurch die richtige Einstellung zu den Regenten bewirkt wird. Die Verpflichtung auf Wahrhaftigkeit ist natürlich für alle anderen im Staate kategorisch, und Verletzungen werden streng bestraft – handelt es sich doch nicht nur um private moralische Verfehlungen, sondern um eine den Staat unterminierende Handlung.

Wenn der Philosophenherrscher nun die Idee des besten Staates verwirklichen will, dann darf er nach Plato nicht „nach unten, nicht auf die Menschen schauen", sondern er muß seinen Blick nach oben, zur Idee richten, um sich nicht durch die menschlichen Belange in seiner Arbeit irritieren zu lassen. Der Führer wird also in der platonischen Staatsphilosophie mit einzigartigen Kompetenzen ausgestattet, die ihm auf eine geradezu menschenverachtende Art mit der Wahrheit und der Macht umzugehen erlauben. All das aber wird immer wieder gerechtfertigt durch den Nutzen, den der Staat daraus zieht hinsichtlich der Beständigkeit seiner Struktur. Ästhetizismus, Perfektionismus, Utopismus sind weitere Punkte, die sich an die Sonderstellung des philosophischen Königs knüpfen und die ebenfalls keinen platonischen Humanismus, wohl aber einen Totalitarismus zeigen: Plato als Protagonist des autoritären Denkens, als Verfechter der Idee einer geschlossenen, immobilen Gesellschaft, als Feind der offenen Gesellschaft.

Aus all dem können wir ersehen, daß es nicht primär der „Geschichtsphilosoph“ Plato ist, der Poppers Kritik herausfordert; Platos Antiindividualismus, die Ausrichtung aller menschlichen Tätigkeiten und Bedürfnisse am idealen Staat, die Ausstattung des Führers mit uneingeschränkter Autorität, die Depravierung aller Gesichtspunkte, die „die Vielen“ betreffen, im Namen einer kleinen Gruppe von Auserwählten, das gezielt anti-egalitäre Denken Platos, stehen im Vordergrund des „Historizismus“-Vorwurfs. Die im engeren Sinn historische Komponente werden wir erst bei den Historizisten der Neuzeit finden, vor allem in der Kritik am Marxismus.

b) Die falschen Propheten: Hegel und Marx

Hegel und vor allem Marx sind für Popper die Hauptvertreter des Historizismus. Hegel, „die Quelle des gesamten zeitgenössischen Historizismus“, wird als direkte Fortführung der platonisch-aristotelischen Philosophie angesehen, die allerdings ihren unmittelbaren Anspruch auf Macht aufgegeben hat.[17] Um so mehr suchte sie sich mit der Macht und den Mächtigen zu arrangieren. Hegels Glorifizierung des Preußischen Staates, sein Interesse an der Restauration der Regierung Friedrich Wilhelms III., sind die wichtigsten äußeren Daten, von denen her Popper Hegels Philosophie interpretiert: eine „Apologie des Preußentums“ (OG II 46). Die Methode der Dialektik und die Position der Identitätsphilosophie erfahren von Poppers eigener Position her eine scharfe Kritik und ebenso der „moralische Positivismus“ Hegels. Der spekulative Idealismus Hegels, die Position des absoluten Wissens, steht dem Popperschen Fallibilismus diametral entgegen, und es ist allzu offensichtlich, daß Popper weniger dem Philosophieverständnis Hegels gerecht zu werden wünscht, als diesen Anspruch zu diskreditieren sucht. Der Anspruch auf Absolutheit des Wissens ist für Popper geradezu moralisch verwerflich, und nicht ohne Häme listet er die Behauptungen auf, die Hegel mit dem Anspruch von Notwendigkeit deduziert hatte, die aber empirisch widerlegt wurden. Marx, trotz seiner fundamentalen Wendung gegen den Idealismus Hegels, bleibt im Rahmen des durch Hegel geprägten dialektischen Wissenschaftsideals, und wie Popper später in seiner Autobiographie sagt, war es die vermeintliche Sicherheit in den Behauptungen der Marxisten, die ihn zum Fallibilisten werden und intellektuelle Bescheidenheit als Wert erfassen ließ. Popper gibt zu, daß hier nicht nur eine formale oder materiale Kritik durchgeführt ist, sondern daß seine Einstellung eine stark emotionale Komponente der Ablehnung enthält.

Marx ist für Popper der Hauptvertreter des historizistischen Denkens und zweifellos von größtem politischen Einfluß. Der zweite Band der *Offenen Gesellschaft* ist hauptsächlich seiner Kritik gewidmet, gruppiert unter drei Themen: Marxens Methode, Marxens Prophezeiung, Marxens Ethik.

Der Historizismus von Marx läßt sich am besten durch den Typus von Gesetzen angeben, die die Entwicklung der Gesellschaft bestimmen. Es sind dies *ökonomische Gesetze*, und Popper spricht deshalb auch von einem Marxschen „Ökonomismus". Er bezieht sich auf die „Behauptung, daß die ökonomische Organisation der Gesellschaft, die Organisation des Austausches von Materie zwischen uns und der Natur, grundlegend ist für alle sozialen Institutionen und insbesondere für ihre historische Entwicklung". (OG II 133f.) Popper steht dem Ökonomismus keineswegs streng ablehnend gegenüber, im Gegenteil: „Man kann sagen, daß [...] der Ökonomismus Marxens einen höchst wertvollen Fortschritt in den Methoden der Sozialwissenschaften darstellt." Diese Einschätzung steht allerdings unter dem Vorbehalt, daß man dem Ausdruck „grundlegend" nicht zu viel Gewicht gibt, sondern ihn eher im alltäglichen Sinn versteht; dann kann „kein Zweifel darüber bestehen, daß praktisch alle sozialen Studien [...] nur gewinnen können, wenn sie mit einem Auge auf die ‚ökonomischen Bedingungen' der Gesellschaft durchgeführt werden" (ebda.). Popper scheint hier der Vagheit das Wort zu reden, wenn er sagt, daß die allgemeine Bedeutung des Marxschen Ökonomismus kaum überschätzt werden könne, während im Einzelfall ihre Wichtigkeit leicht überschätzt werde. Bei Marx steht freilich die Ökonomiethese in der präzisen Form, daß der Produktionsprozeß die Entwicklung der Gesellschaft prägt, während alle kulturellen Faktoren lediglich „Überbauphänomene" darstellen, eingeschlossen politische Ideen. Worin soll denn die allgemeine Unüberschätzbarkeit des Ökonomismus liegen? Ein von Poppers Theorie des objektiven Wissens her positiv zu gewichtender Effekt liegt darin, daß sich die Sozialwissenschaft durch den Ökonomismus vom Psychologismus, wie ihn J. St. Mill vertreten hatte, befreite. Damit wurde die Soziologie zugleich eine autonome Wissenschaft mit eigenen Grundgesetzen, während nach Mill die Gesetze der gesellschaftlichen Phänomene nichts anderes sind als die Gesetze der Handlungen und Leidenschaften der Menschen. Dieser Standpunkt Mills berührt sich andererseits eng mit Poppers „methodologischem Individualismus": beide richten sich gegen den Kollektivismus und Holismus. Aber im Unterschied zu Mill vertritt Popper die Forderung nach der Autonomie der Soziologie (OG II 114), und deshalb ist Marxens Ökonomismus als ein Fortschritt gegenüber der psychologistischen Version des Historizismus anzusehen. Was Popper im Ökonomismus Marxens attackiert, legt er ihm auch unter dem Titel des Essentialismus zur Last, wofür er wiederum die Hegelsche Tradition verantwortlich macht. „Infolge seiner Hegelschen Erziehung war er beeinflußt von der alten Unterscheidung zwischen ‚Wirklichkeit' und ‚Erscheinung' und von der entsprechenden Unterscheidung zwischen dem ‚Wesentlichen' und dem ‚Zufälligen'. Er neigte dazu, seine eigene Verbesserung Hegels (und Kants) in der Identifikation der ‚Wirklichkeit' mit der materiellen Welt (den Stoffwechsel des Menschen eingeschlossen) und der ‚Erscheinung' mit der Welt der Gedanken und Ideen zu sehen. Also müssen alle Gedanken und Ideen erklärt werden, indem man sie auf die zugrundeliegende essentielle Realität, das heißt auf die ökonomischen Bedingungen, reduziert. Dieser philosophische Standpunkt ist sicher nicht viel besser als irgendeine andere Form des Essentialismus." (OG II 134)

Man kann freilich fragen, ob Marxens These von der grundlegenden Bedeutung der Ökonomie wirklich seinem Essentialismus angelastet werden kann. Marx würde auf das historische Material verweisen, durch das er seine These, daß nicht das Bewußtsein das Sein, sondern das Sein das Bewußtsein bestimmt, belegt. Nicht führen Veränderungen im legalen und politischen System zu Veränderungen in den Produktionsverhältnissen, sondern die Änderungen in der ökonomischen Struktur einer Gesellschaft bringen Veränderungen im ganzen Überbau und damit auch ein neues gesellschaftliches Bewußtsein mit sich. Kurz: der historische Materialismus von Marx läßt sich nicht einfach als eine Version von Essentialismus kritisieren.

Popper attackiert den Marxschen Ökonomismus unter essentialistischem Vorzeichen, weil er darin die Möglichkeiten der Politik beschnitten sieht. Denn nach Marx ist alle Geschichte eine Geschichte von Klassenkämpfen. Individuelle Vorstellungen und Ideen spielen darin keine Rolle. Popper zitiert aus dem *Kommunistischen Manifest* von Marx und Engels: „In der gesellschaftlichen Produktion ihrer Lebensmittel gehen die Menschen bestimmte notwendige, von ihrem Willen unabhängige Verhältnisse ein, Produktionsverhältnisse, die ihrer bestimmten Entwicklungsstufe, ihren materiellen Produktivkräften entsprechen." Die Menschen mit ihren Ideen und Absichten sind gleichsam im Netz der Klasse, der sie zugehören, gefangen, und die Verhältnisse der Klassen zueinander sind wiederum bestimmt durch die ökonomische Situation, d.h. durch den Besitz an den Produktionsmitteln. Damit wird der Staat mit seinen Institutionen zu einem der Mittel, über die die herrschende Klasse verfügt und die sie in ihrem Kampf gegen die unterdrückte Klasse benutzt. Popper folgert: „Die wichtigste Folge ist, daß Politik, gesetzliche und politische Institutionen sowie auch politische Kämpfe nie von primärer Bedeutung sein können. *Die Politik ist ohnmächtig*. Sie kann die ökonomische Realität niemals entscheidend verändern." (OG II 147) Das ist für Popper unakzeptabel,[18] und es ist auffällig, in welchem Maße Poppers Gegenvorstellung in einer normativen Sprache verfaßt ist: „Wir müssen soziale Institutionen konstruieren, die die wirtschaftlich Schwachen vor den wirtschaftlich Starken schützen, und die Staatsgewalt muß diesen Institutionen zur Wirksamkeit verhelfen. [...] Wir müssen fordern, daß der schrankenlose *Kapitalismus* einem *ökonomischen Interventionismus* weiche." (OG II 154) Popper fordert mithin genau die Schritte, die Marx als unmöglich bzw. als unwirksam aufgewiesen hatte. Wenn die politische Gewalt nur eines der Instrumente in der Hand der Besitzenden ist, mit denen sie ihre Vormachtstellung verteidigen, wie soll es dann zu einer Kontrolle der ökonomischen Macht durch die juridischen und politischen Instrumentarien kommen?[19] Hier steht Anspruch gegen Anspruch. Popper glaubt, die Marxsche Analyse dadurch als unangemessen ausgewiesen zu haben, daß er ihm zwar konzedierte, eine angemessene Darstellung des für Marxens Zeit typischen „schrankenlosen Kapitalismus" geliefert zu haben. Aber die Generalisierung sei falsch. Popper macht ein ganzes Bündel von Motiven für die Marxsche Fehlanalyse verantwortlich und spricht dem System zugleich einen großen Rang zu: „Die Erfahrung seiner Zeit, seine humanitäre Entrüstung und das Bedürfnis, den Unterdrückten den Trost einer Prophezeiung zu bringen, die Hoffnung oder sogar die Sicherheit ihres Sieges, all das ist in einem einzigen, grandiosen philosophischen System vereinigt, das sich mit den holistischen Systemen Platons und Hegels vergleichen läßt oder ihnen sogar überlegen ist." (OG II 165)

Nicht nur hier spricht Popper mit großem Respekt von der moralischen Kraft der Marxschen Theorie. Wir finden diese Äußerungen verstärkt in dem Kap. 12 „Die Sittenlehre des Historizismus". Marx, der die rein wissenschaftliche Theorie der Gesetze des sozialen Wandels hatte geben wollen, liefert uns, meint Popper, zugleich eine „implizite ethische Theorie". Sie kommt in seinen Wertungen der sozialen Institutionen zum Ausdruck, und für Popper ist „Marxens Verurteilung des Kapitalismus im Grunde ein moralisches Urteil. Das *System wird verurteilt* wegen der grausamen Ungerechtigkeit, die ihm innewohnt" (OG II 243). Popper trennt in diesem Zusammenhang zwischen der Person und der Lehre von Marx.[20] Er ist bereit, Marx eine sehr hohe moralische Qualität zu bescheinigen und ist der Meinung, daß „Kategorien wie die Freiheit und die Gleichheit in Marxens praktischer Ethik die Hauptrolle spielten" (OG II 253). Ja, er spricht von der „moralischen Reformation", die Marx herbeigeführt hat, und möchte Marx am liebsten als einen „Popperianer im Herzen" vereinnahmen: „Es scheint mir, daß Marxens Glauben im Grunde ein Glauben an die offene Gesellschaft war." (OG II 244)

Dagegen sieht er in der historizistischen Ethik des Marxismus nur eine andere Form des „moralischen Positivismus", den er zuvor an Plato und Hegel gegeißelt hatte. Was die theoretische Struktur angeht, so liegen hier nur eine konservative, eine modernistische und eine futuristische Variante vor. Die futuristische, d.h. marxistische Variante beläuft sich nach Popper auf die These, daß die „zukünftige Macht gleich Recht ist", eine These, die Popper von seinen Kantischen Auffassungen über Ethik her als unmöglich zurückweisen muß. Freilich ist er auch der Meinung, daß Marx, wenn er sich über die Implikationen der historizistischen Ethik im klaren gewesen wäre, sie ebenfalls abgelehnt und verworfen hätte.

Während Popper, wie wir an vielen Stellen sahen, Marx von der moralisch-normativen Seite her in Schutz nimmt und solche Elemente der Theorie, die ihm positiv erscheinen, auf diese Seite verrechnet, wird der historizistische Kern unter dem Titel: *Marxens Prophezeiung* harter Kritik ausgesetzt. Die Vorhersage der klassenlosen, sozialistischen Gesellschaft nach der proletarischen Revolution wird von Popper vor allem kritisiert. Hier liegt auch der stärkste Konflikt mit seiner eigenen Zielvorstellung einer offenen Gesellschaft vor.

Die Einheit des Klassenbewußtseins, in Anspruch genommen in dem Argument, daß die Beseitigung der Bourgeoisie, die nur die geeinte Klasse des Proletariats übrig läßt, zur Etablierung der klassenlosen Gesellschaft führe, hat einen durchaus problematischen Status; denn sie hängt offenbar ab von der Situation des existierenden Klassenkampfes. Die Einheit des Proletariats ist die im Klassenkampf gegen die Ausbeuter sich einstellende Solidarität. – Aber für Popper ist es eine große Frage, ob nach der Eliminierung der Ausbeuter diese Solidarität weiterbestehen kann und wird, ob sich nicht diejenigen, die sich im Augenblick des Sieges des Proletariats an der Macht befinden, als eine neue bürokratische Klasse absetzen werden, wobei sie sich sogar der revolutionären Doktrinen als eines Instrumentariums zur Sicherung ihrer Macht bedienen können (OG II 171). Solange es also bestimmte privilegierte Gruppen geben wird, und die wird es aufgrund der Organisation der Arbeit in der Gesellschaft immer geben müssen, ist auch die Situation der Ausbeutung, die Situation des Mißbrauchs der Privilegien möglich. Popper folgert: Eine siegreiche proletarische Revolution stellt keineswegs sicher, daß es zur Beseitigung aller Klassendifferenzen kommt und zur Beendigung von Ausbeutung. Es gibt Übergangs- und Reaktionsmöglichkeiten auf die erfolgreiche proletarische Revolution, die von dem von Marx allein zugelassenen Schritt abweichen. Die Prognose vom zwangsläufigen Eintreten der sozialistischen Gesellschaft nach der Übernahme der Macht durch das Proletariat ist also nicht gesichert, sondern als eine wissenschaftlich nicht gedeckte Behauptung zu kritisieren.

Wenn aber das Ziel, weswegen die Revolution gerechtfertigt schien, nämlich die Beseitigung von Ausbeutung, nicht sicher erreicht wird, dann ist auch das gewählte Mittel nicht vertretbar. Denn die Revolution wird in jedem Fall mit Opfern verbunden sein, die dann nicht zu rechtfertigen sind. Es ist interessant, daß Popper in diesem Zusammenhang die Konzession macht, daß er keineswegs unter allen Umständen das Mittel der Revolution verbieten würde – wie man es vom Konzept der stückweisen Sozialtechnologie erwarten könnte, und wie es auch öfter unterstellt wird. Popper sagt ganz klar: „Ich bin nicht in allen Fällen und unter allen Umständen gegen eine gewaltsame Revolution." (OG II 186) Ähnlich jenen christlichen Denkern des Mittelalters, die unter bestimmten Umständen den Tyrannenmord als erlaubt ansahen, glaubt auch Popper, eine gewaltsame Revolution unter bestimmten Fällen von Tyrannei rechtfertigen zu können. Allerdings wird er nicht die klassenlose Gesellschaft als das Ziel einer gewaltsamen Revolution akzeptieren. Das „einzige Ziel" vielmehr, das Popper unter einem so heiklen Schritt zuläßt, ist eine *Demokratie.*

Was versteht Popper unter Demokratie, daß sie eine solche Sonderstellung einnehmen kann? Wir sahen schon verschiedentlich, daß Popper mit großer Emphase auf der Kontrolle der Macht durch politische Institutionen besteht. Seine Kritik an der Marxschen Idee der sozialistischen Gesellschaft bestand ja hauptsächlich in dem Aufweis, daß in einer solchen Gesellschaft weder automatisch die Staatsgewalt verschwinden, noch die Ausbeutung unterbleiben wird. Dieser Punkt ist für Popper deshalb von besonderem Gewicht, weil er die von ihm erhobene Forderung nach der Errichtung von Kontrollinstitutionen der Macht als eine bleibende Forderung unterstreicht. Marx denkt gleichsam noch nicht „materialistisch" genug, wenn er meint, in irgendeinem künftigen Stadium der Machtverteilung dieses Problem los zu sein. „Wir müssen einsehen, daß die Kontrolle der physischen Gewalt und der physischen Ausbeutung das zentrale Problem ist und bleibt." (OG II 159)

Unter Demokratie versteht nun aber Popper nichts anderes als dieses Instrumentarium der Kontrolle der Macht, keineswegs versteht er darunter die Herrschaft der Mehrheit, oder gar die Annahme, die Mehrheit sei immer im Recht.[21] Er meint vor allen Dingen die Institution freier und allgemeiner Wahlen, durch die es einem Volk möglich ist, seine Regierung zu entlassen, durch die es Reformen ohne Gewaltanwendung herbeiführen kann, durch die es sich gegen den Willen der Herrscher stellen kann (OG II 186f). Die Rettung oder Wiederherstellung der Demokratie ist deshalb auch das einzige Motiv, das gewaltsame Aktionen erlaubt, weil sie die Möglichkeit der gewaltfreien Veränderung eröffnet, weil sie Verbesserungen ermöglicht „im Lichte von Diskussion und Erfahrung". „Sie allein ermöglicht die Anwendung der Methode von Versuch und Irrtum auf unsere politischen Handlungen". (OG II 164)

Damit haben wir einen Punkt erreicht, an dem Poppers Einstellung zur Geschichte abschließend gewürdigt werden kann. Nach der historizistischen Auffassung ist es ein mögliches Ziel der Geschichtsschreibung, uns die Geschichte genau so zu berichten, wie sie sich tatsächlich ereignet hat. Aber das, meint Popper, ist unmöglich. Denn die unvermeidliche Selektion und Interpretation der Datenmengen steht dem im Wege. Es kann Geschichtsschreibung nur als historische Interpretationen geben, von denen keine endgültig sein kann. Eine Universalgeschichte als eine bestimmte Aneinanderreihung von Tatsachen ist ein unmögliches Konzept. *De facto* war die Universalgeschichte bisher eine Geschichte der politischen Macht, und diese ist „nichts anderes als die Geschichte internationaler Verbrechen und Massenmorde", in der einige der größten Verbrecher als Helden verehrt werden (OG II 334). Aber politische Macht ist nur ein Selektionsgesichtspunkt neben anderen, wie: die Geschichte der Menschheit ist die Geschichte Gottes mit den Menschen. Das Falsche in solchen Konzeptionen liegt in der Annahme, daß der Geschichte als solcher ein Sinn innewohne. Demgegenüber betont Popper, daß die Geschichte als solche sinnlos ist, daß sie einen Sinn nur dann und nur dadurch hat, daß wir ihr einen Sinn geben. Es hängt von uns ab, welche Stellung wir gegenüber historischen Prozessen beziehen; wir betrachten sie unter dem Winkel der Probleme, die wir in unserer eigenen Zeit lösen wollen. Der Dualismus von Tatsachen und Entscheidungen, von Natur und Konvention, von Fakten und Normen, dem wir schon verschiedentlich bei Popper begegneten, bestimmt auch sein Verhältnis zur Geschichte. „Weder die Natur noch die Geschichte kann uns sagen, was wir tun sollen. [...] Wir sind es, die Zweck und Sinn in die Natur und in die Geschichte einführen. [...] und *obwohl die Geschichte keinen Sinn hat, können doch wir ihr einen Sinn verleihen.*" (OG II 344) Die Einstellung des Sozialingenieurs, die These des Interventionismus, bestimmen Poppers generelle Einstellung zur Geschichte, der der historizistische Determinismus diametral ge-

genübersteht. Wenn es in der Geschichte eine Entwicklung zum Besseren geben soll, Fortschritt also, dann wird er von unserem Eintreten dafür abhängen, nicht aber vom zwangsläufigen Gang der Ereignisse. „Statt als Propheten zu posieren, müssen wir zu den Schöpfern unseres Geschicks werden. Wir müssen lernen, unsere Aufgaben zu erfüllen, so gut wir nur können, und wir müssen auch lernen, unsere Fehler aufzuspüren und einzusehen." (OG II 347)

3. Probleme der Rationalität

Die Kritik Poppers an den Hauptvertretern des Historizismus hat, wie wir sahen, zwei Komponenten: die formalmethodologische, die die Wissenschaftlichkeit in Frage stellt, und die material-normative, die den Konflikt mit Werten herausstellt, die Popper für vertretbar, überlegen, humanitärer etc. hält. Es ist zu fragen, ob Popper die beiden Seiten, deren Irreduzibilität aufeinander nicht bestritten wird, in ein Verhältnis bringen kann. In der Tat verknüpft Popper Demokratie, die, wie er sie versteht, sich sehr eng mit der Idee der offenen Gesellschaft berührt, mit seinem Begriff von Rationalität. Rationalität in diesem umfassenden Sinn verdankt zwar viel der wissenschaftlichen Rationalität, ist jedoch nicht identisch mit ihr. Sie schließt wesentliche Elemente des Praktischen ein: Unparteilichkeit, Verantwortlichkeit, Toleranz u. dgl. mehr. Der kritische Rationalismus geht mithin eine enge Verbindung mit den Strukturen der Gesellschaft ein. „Schließlich ist der Rationalismus auf diese Weise mit der Erkenntnis der Notwendigkeit sozialer Institutionen verbunden, die die Freiheit der Kritik, die Freiheit des Denkens und damit die Freiheit des Menschen schützen. Und er begründet so etwas wie eine sittliche Verpflichtung zur Unterstützung dieser Institutionen." (OG II 294)

Der kritische Rationalismus ist, im Unterschied zu den klassischen Varianten des Rationalismus, nicht begründungstheoretisch orientiert; wie das wissenschaftliche Wissen keine sicheren Fundamente hat, so ist jegliches Wissen nach Popper ein Vermutungswissen. Wie läßt sich dann darlegen, daß wir eine Einstellung wie den kritischen Rationalismus adoptieren sollen? Setzt jegliches Plädieren für den Rationalismus nicht immer schon voraus, daß man Argumenten und guten Gründen folgen soll anstatt undurchschauten Motiven; setzt es mithin nicht schon den Rationalismus voraus, der doch allererst legitimiert werden soll? Kann man überhaupt rational für den rationalen Standpunkt plädieren, ohne in zirkuläre Argumentation zu verfallen? Popper faßt deshalb den Schritt, durch den man sich zu den Prinzipien rationaler Argumentation bekennt, nicht selbst als einen rationalen Schritt, sondern als einen *Entscheidungsschritt* auf, der gemäß seinen eigenen Kriterien irrational zu nennen ist.

Das scheint freilich eine untragbare Situation zu sein. Kann man allen Ernstes die Auffassung vertreten, der Rationalismus gehe aus einem selbst irrationalen Akt hervor? Warum soll dann überhaupt noch eine „Argumentationsform" vor einer anderen ausgezeichnet werden? Ist nicht ein Irrationalismus so gut wie ein anderer, wenn jede Form von Rationalität in einem irrationalen Entscheidungsakt verwurzelt ist? Popper hat sich in der *Offenen Gesellschaft* mit diesem Dilemma abgefunden und hält die Wahlsituation für eine völlig offene Situation, die auf einen radikalen Irrationalismus hinauslaufen kann und in der der Rationalismus nur eine Möglichkeit unter anderen darstellt. Er anerkennt den Umstand, „daß die rationalistische Einstellung auf einem irrationalen Entschluß oder auf dem Glauben an die Vernunft beruht" (OG II 285).

Andererseits ist offensichtlich, daß der Ausgang dieser Entscheidung nicht konsequenzenlos bleibt für unsere eigene Lebensführung und insbesondere auch für unsere Einstellung unseren Mitmenschen gegenüber. Die Entscheidung für oder gegen den rationalen Standpunkt ist deshalb in hohem Maße eine moralische Entscheidung. Popper sieht eine direkte Klammer zwischen dem Rationalismus und einer „gleichheitlichen und humanitären" Einstellung unseren Mitmenschen gegenüber (OG II 296). Den Irrationalismus sieht er eher in der Nähe von autokratischen und antihumanitären Tendenzen. Popper kritisiert also den Irrationalisten nicht als inkonsistent oder formal defekt, sondern unter moralischen Gesichtspunkten. Es stehen hier mithin unterschiedliche Wert- und Normensysteme gegeneinander, worüber sich Popper völlig im klaren ist: er betrachtet seinen Angriff auf den Irrationalismus als Angriff eines Moralisten. Popper erklärt: „Ich glaube jedoch, daß die einzige Einstellung, die ich als richtig im moralischen Sinne bezeichnen kann, eine Einstellung ist, die anerkennt, daß wir es den anderen Menschen schulden, sie und uns selbst als vernünftige Wesen zu behandeln. So betrachtet ist mein Gegenangriff auf den Irrationalismus ein moralischer Angriff." (OG II 296) Wann immer eine bestimmte Position Konsequenzen impliziert, die in Widerspruch stehen zu Normen, die Popper für „moralisch richtig" hält, ist sie mithin abzulehnen. Aber ist das ein hinreichendes Verfahren? Hat die Vernünftigkeit einfach Halt zu machen vor der Feststellung der Unverträglichkeit unterschiedlicher Glaubenssysteme, wobei jeder dann bei den Grundüberzeugungen bleibt, die er eben hat? Obwohl Popper den Rationalismus maximal am Werke sehen möchte, scheint er sich mit dem einmaligen irrationalen Entscheidungsakt abfinden zu können. Gibt er damit nicht zu viel an den Irrationalismus ab? Das Zugeständnis, das Popper in seiner Konzeption des kritischen Rationalismus an den Irrationalismus macht, ist zu groß und nicht zwingend. Deshalb haben eine Reihe von Autoren revidierte Fassungen des kritischen Rationalismus, auch mit unterschiedlicher Benennung, vorgeschlagen.[22]

Die Rede von der Klammer zwischen formal-rationalen und material-normativen Vorstellungen, die wir bislang benutzten, läßt sich vielleicht besser durch die Vorstellung einer „vernünftigen Lebensform" ausdrücken. „Vernünftig" hat darin allerdings einen starken Anklang an „methodisch-wissenschaftlich". Popper thematisiert die wissenschaftliche Vorgehensweise in der *Offenen Gesellschaft* in enger Beziehung auf die Lebenswelt, vornehmlich die des politisch-sozialen Bereichs. Das hat auch Rückwirkungen auf seine Auffassung von der Wissenschaft selbst. Nirgend sonst in seinen Schriften kommt Popper Vorstellungen so nah, die von der Wissenschaftssoziologie thematisiert werden, auch wenn er sich gegen bestimmte Auffassungen der Wissenssoziologie wendet (OG II Kap. 13). Die Idee der Objektivität wird von Popper nun „mit dem *sozialen Aspekt der Methode* eng verbunden, mit dem Umstand, daß die Wissenschaft und die wissenschaftliche Objektivität nicht dem Streben eines individuellen Wissenschaftlers entspringt, ‚objektiv' zu sein (und auch gar nicht entspringen kann), sondern der Zusammenarbeit vieler Wissenschaftler. Man kann die wissenschaftliche Objektivität als die Intersubjektivität der wissenschaftlichen Methode beschreiben". (OG II 267) Der „öffentliche Charakter" der Wissenschaft wird hier konstitutiv für ihre Objektivität. Dieser öffentliche Aspekt zeigt sich besonders an dem Erfahrungsbegriff der Wissenschaft, der die Bedingung der intersubjektiven Nachprüfbarkeit erfüllen muß. Popper spricht aber auch in diesem Zusammenhang von den *„sozialen Institutionen,* die zur Förderung der wissenschaftlichen Objektivität oder Unparteilichkeit ersonnen wurden"; zum Beispiel die Laboratorien, die wissenschaftlichen Zeitschriften, die Kongresse (OG II 268). Nur in dem Maße, in dem dieses System einer öffentlichen und freien Kritik funktioniert, kann es so etwas wie objektive Wissenschaft geben, und das wird auch nicht dadurch beeinträchtigt, daß höchst idiosynkratische, ja verrückte Ideen von einzelnen Forschern vorgeschlagen werden. Schon dadurch, daß der Forscher seine Ergebnisse einem anderen gegenüber, der diese Versuche nicht gemacht hat, erklären, d.h. veröffentlichen muß, wird er „die Disziplin klarer und vernünftiger Kommunikation erlangen, die auch ein Teil der wissenschaftlichen Methode ist". Die öffentliche Kritik, und d.h. eine bestimmte Kommunikationsform, kann mithin auch die extreme Subjektivität der an der Forschung Beteiligten korrigieren. Die „Unparteilichkeit des individuellen Wissenschaftlers ist, soweit sie existiert, nicht die Quelle, sondern vielmehr das Ergebnis dieser sozial oder institutionell organisierten Objektivität der Wissenschaft". (OG II 270)[23]

Stellt man den öffentlichen Charakter, die Institutionen und Kommunikationsformen, in Betracht, dann wird die Rede von der „vernünftigen Lebensform", dann wird die Beziehung der wissenschaftlichen Rationalität auf die Strukturen der Gesellschaft verständlich.[24] Zugleich läßt sich auch von hierher darlegen, in welchem Sinn der Rationalitätsbegriff gegenüber Poppers erster Fassung eine Korrektur (oder mehrere) zuläßt. Denn gemäß der Methode öffentlicher Kritik werden die „Vorurteile" der Wissenschaftler, d.h. jene Anteile individueller Beiträge, die einer Überprüfung durch die Wissenschaftlergemeinschaft nicht standhalten, nicht auf einen Schlag und nicht ein für allemal beseitigt, sondern sukzessiv im Verlauf der Forschungsarbeit. Genausowenig muß der Irrationalismus durch einen einmaligen Entscheidungsakt, der selbst irrationalen Charakter hat, verlassen werden. Und es muß auch nicht ein fester Kanon von Rationalitätsregeln als unantastbar ausgezeichnet werden. Beides war charakteristisch für Poppers erste Fassung des kritischen Rationalismus. Die revidierte Fassung, der sog. „pankritische Rationalismus", hält alle Positionen, einschließlich seiner eigenen Standards der Kritik, seiner Ziele, seiner Methoden, seiner früheren Entscheidungen, offen für Kritik. Natürlich ist es unmöglich, alles auf einmal zu kritisieren. Eine Kritik kann immer nur unter der Auszeichnung der einen oder anderen Position als für den gegenwärtigen Kontext „unproblematisch" durchgeführt werden. Aber es gibt keine Position, die prinzipiell von der Kritikmöglichkeit auszuschließen wäre. Dieser pankritische Rationalismus ist deshalb auch frei von allen Rechtfertigungselementen, die noch im kritischen Rationalismus enthalten waren, und gegen die der Irrationalist immer mit dem Vorwurf hatte angehen können: *tu quoque,* auch Du hast nur eine Form des Irrationalismus adoptiert. Dieser Vorwurf läßt sich nicht gegen den pankritischen Rationalisten vorbringen.

Allerdings ist auch dieser allumfassende Kritizismus, auch „comprehensive critical rationalism" (CCR) genannt, von Schwierigkeiten nicht frei. Dadurch daß er alles zur Kritik offenhält, scheint er sich selbst als eine unangreifbare, eine unkritisierbare Position darzustellen – während ja gerade durch den Rechtfertigungsverzicht dogmatische Restbestände für die Kritik freigegeben werden sollten. M.a.W., auf der Ebene der

Selbstanwendung des pankritischen Rationalismus stellen sich Paradoxien ein, die vor allem von Watkins und Post aufgezeigt wurden.[25] Bartley hat als Reaktion darauf vorgeschlagen, den Rationalismus nicht als Behauptung über die Kritisierbarkeit von Sätzen zu verstehen, sondern als eine Behauptung über Einstellungen, die Menschen Sätzen gegenüber einnehmen können bzw. sollten. Der Begriff der Lebensform sollte das auch zum Ausdruck bringen. Allerdings darf die kritische Einstellung nicht psychologisch aufgefaßt werden, denn CCR ist keine deskriptive Behauptung, sondern eine Norm, eine normative Empfehlung. Ihr liegt die einfache Idee zugrunde, daß man mit einem Minimum an dogmatischer Fixierung versuchen sollte, maximal aus der Erfahrung zu lernen.

Die Rationalität besteht nach dieser Fassung nicht in der Vorgehensweise gemäß einem Regelsystem, sondern in der nicht endenden Korrektur unserer Überzeugungen aufgrund von kritischer Überprüfung. Das deckt sich auch mit Poppers *common-sense*-Auffassung von wissenschaftlicher Erkenntnis, die ja letztlich auch aus der Kritik an den alltäglichen Anschauungen hervorgeht – darin durchaus in Übereinstimmung mit dem Satz des Aristoteles: Alle Wissenschaft besteht in der Modifikation früherer Erkenntnisse (An. post. 71a1).

4. Der Positivismusstreit in der deutschen Soziologie

Als Ralf Dahrendorf für die Arbeitstagung der Deutschen Gesellschaft für Soziologie (Tübingen, Oktober 1961) die beiden Hauptreferate an Popper und Adorno vergab, hatte er eine Auseinandersetzung grundsätzlicher Art im Sinn, die nicht nur die „Logik der Sozialwissenschaften" betreffen sollte. Vielmehr war die Vorstellung bei der Wahl des Themas leitend gewesen: „daß es eine innere Verbindung gibt zwischen bestimmten Vorstellungen von der Aufgabe der Soziologie, bestimmten erkenntnistheoretischen und wissenschaftslogischen Positionen und bestimmten moralischen Prinzipien, die auch politische Relevanz haben".[26] Es sollte mithin jene Verschränkung des theoretischen und praktischen Bereichs diskutiert werden, den wir in der *Offenen Gesellschaft* haben sehen können, und zwar in ihrer Gegensätzlichkeit. Allerdings kam es nicht zu dieser Diskussion. Vielmehr zeigte sich im Verlauf der Tagung immer mehr, daß die beiden Hauptreferenten eher daran interessiert waren, die Gemeinsamkeiten zu betonen, als ihre Differenzen herauszustellen. Diese Konfrontation entwickelte sich erst im nachhinein dadurch, daß Habermas und Albert in einer Reihe von Aufsätzen die radikalen Differenzen zwischen der kritischen Theorie und dem kritischen Rationalismus herausstrichen.[27]

Wie bei allen großen Polemiken so sind auch hier manche wechselseitigen Mißverständnisse im Spiel, die die eigentlichen Differenzen eher verdecken als deutlich machen: so der Vorwurf des „Szientismus", „Positivismus", der „halbierten Vernunft" an Poppers Adresse gerichtet; so der Vorwurf vom „Mythos der totalen Vernunft", „spekulativer Dialektik", „Irrationalismus" an die von Adorno. Denn es geht in beiden Fällen um eine Auffassung von Sozialwissenschaft, die einen starken Begriff von Philosophie einschließt, wobei überdies das Moment der Kritik in beiden Philosophieverständnissen an hervorragender Stelle erscheint.

Das Verhältnis von Analyse bzw. Deskription und Kritik scheint der eigentliche Punkt der Divergenz in der Sache zu sein. Gemäß der Dualität von Fakten und Normen wird von Popper die These vertreten, daß zunächst die Fragen der tatsächlichen Verhältnisse geklärt sein müssen, ehe Vorschläge für mögliche Interventionen gemacht und Fragen ihrer Angemessenheit beantwortet werden können. Demgegenüber ist für Adorno der deskriptive Schritt nicht vom kritischen zu trennen. Hier steht im Hintergrund der sogenannte Werturteilsstreit, der mit Max Weber nach der Jahrhundertwende entflammte. Popper bezieht hier eindeutig die Position Webers, während die Anhänger der Kritischen Theorie auf der Gegenseite stehen. Das zeigt sich in ihrer unterschiedlichen Auffassung vom Gegenstand der Sozialwissenschaft: Während er für Popper der direkten Beschreibung zugänglich ist, was nur verlangt, daß wir unsere Problemstellungen präzise angeben, Hypothesen über soziale Zusammenhänge formulieren und diese testen (d.h. sie zu falsifizieren suchen), bestreitet Adorno die Abtrennbarkeit, die Isolierbarkeit eines sozialwissenschaftlichen Tatbestandes aus dem gesamtgesellschaftlichen Geflecht mit all seinen Widersprüchen. Sagt Adorno: „Aber das Erkenntnisideal der einstimmigen, möglichst einfachen, mathematisch eleganten Erklärung versagt, wo die Sache selbst: die Gesellschaft, nicht einstimmig, nicht einfach ist, auch nicht neutral dem Belieben kategorialer Formung anheimgegeben, sondern anders, als das Kategoriensystem der diskursiven Logik von seinen Objekten vorweg erwartet. Die Gesellschaft ist widerspruchsvoll und doch bestimmbar; rational und irrational in eins, System und brüchig, blinde Natur und durch Bewußtsein vermittelt."[28]

Hier zieht Adorno konträre Bestimmungen am Objekt ineins, die nach Popper immer nur sich ausschließende Prädikationen sein können. Adorno möchte der Sache selbst die Widersprüchlichkeit anlasten, um sie maximal der Kritik auszusetzen, und fürchtet, daß die Kritik bei Popper in der Selbstkritik des erkennenden Subjekts verendet; als gelte es, durch Falsifikationen das Subjekt von Irrtümern zu reinigen – während die zu kritisierenden Verhältnisse dadurch bejaht und konsolidiert würden. Diese Affirmation der Verhältnisse liegt in der Methode, hat nichts mit den normativen Zielen der „offenen Gesellschaft" zu tun, die natürlich mit bestehenden Verhältnissen kollidieren. Für die Vertreter der Kritischen Theorie ist diese dem Methodenkonzept innewohnende Bejahung des Faktischen Wurzel des Positivismusvorwurfs, obwohl sogar für Adorno klar ist, daß Popper sich mit allem Nachdruck vom Positivismus distanziert (wie auch Albert). Es ist der alte Gegensatz zwischen einem Kantischen Dualismus von Fakten und Normen, von theoretischer und praktischer Vernunft und einem Hegelschen identitätsphilosophischen Ansatz, der hier wieder virulent wird.

Die unterschiedliche Einschätzung von reformerischen und revolutionären Schritten ist offensichtlich, und Popper möchte jedenfalls die Rahmenstruktur einer Demokratie nicht angeta-

Abb. 3: Karl Popper mit Friedrich v. Hayek 1982

stet sehen, während die mit den gegenwärtigen, westlichen Demokratien verbundenen Machtstrukturen von Adorno nicht bejaht werden können. So gibt es im Umfeld des „Methodenstreits" eine ganze Reihe unterschiedlicher politischer Einschätzungen, die dann unter progressivem oder konservativem Etikett stilisiert werden und die verdecken, wie viel Gemeinsamkeit und Trennendes es in den Sachfragen gibt.

Der von Popper in Anspruch genommene Tatsachenbegriff war besonderer Kritik ausgesetzt – nicht weil er der sozialwissenschaftlichen Methodologie nicht genügen würde, sondern weil er als Ausdruck eines „naiven Realismus" erschien.[29]

R. Ackermann[30] hat darauf aufmerksam gemacht, daß die emanzipatorischen Sozialtheorien von Habermas und Apel, gegründet auf die Idee einer vollständigen und unverzerrten Kommunikation zwischen den Mitgliedern einer Gesellschaft, aus der heraus sich der Konsensus entwickeln soll, vieles gemein haben mit der Popperschen Idee der freien Kritik, was in der Situation des Streites unbemerkt blieb. Umgekehrt müssen auch die Popperianer dem Gedanken holistischer Auswirkungen im ökonomischen Sektor, wo gemäß neueren Theorien kleinere Veränderungen im Preisgefüge, wenn sie unter bestimmten Bedingungen eintreten, globale, revolutionäre Folgen haben können, größere Beachtung schenken. Denn unter solchen Bedingungen wäre eine Sozialtechnologie kleiner und überschaubarer Schritte nicht mehr möglich. Und schließlich steht der methodologische Individualismus Poppers, der für die Kritische Theorie einen Stein des Anstoßes darstellt, in starker Spannung zu seiner eigenen Institutionslehre und zu seiner Lehre vom objektiven Geist.

Geht man aber stärker auf konkrete, politische Fragestellungen ein, so bleibt festzustellen, daß die konkrete Ausarbeitung für beide Seiten noch viel zu viel offen läßt, als daß sich hier strikt entscheiden ließe, welche Seite die angemesseneren Konsequenzen anbieten kann. Helmut Spinner[31] ist der Meinung, daß die gesamte Sozialphilosophie des kritischen Rationalismus noch unausgearbeitet ist, daß Popper über das Stadium des Moralisten nicht hinausgelangt sei und daß seine „schachblinden" Gegenspieler, die Vertreter der Kritischen Theorie, die eigentlichen Schwachstellen noch nicht einmal gesehen hätten.

IV. Objektives Wissen und evolutionäre Erkenntnistheorie

In der *Logik der Forschung* hatte Popper die These vertreten, daß die beste Methode der Erkenntnistheorie darin bestünde, die fortgeschrittenste Form des Lernens, d.h. die Methoden der Naturwissenschaften, zu studieren. In den späteren Schriften geht es ihm vor allem darum zu zeigen, daß die fortgeschrittensten wissenschaftlichen Methoden auch nur eine Variante eines universalen Verfahrens darstellen, das für das Überleben der Organismen sich als durchgängig erfolgreich erweist. Die Methode von Versuch und Irrtum, trial and error, ist eine Methode, die „von der Amöbe bis Einstein" erfolgreich angewandt wird: alle Lebewesen sind in Situationen gestellt, in denen sie Probleme zu lösen haben, wobei die tentativen Problemlösungen verworfen oder beibehalten werden – je nach ihrem Erfolg. Aber nie ist eine Problemlösung endgültig. Denn es treten immer wieder neue Umstände, neue Problemsituationen ein. Für dieses Konzept ist die Annahme wichtig, daß die Menge der tentativen Problemlösungen immer einen hinreichenden Pool enthält, aus dem es zur Auswahl von Lösungen kommen kann. Diese Auffassung vom Erkenntnisgang läßt sich in folgendes Schema bringen:

$$P_1 \rightarrow \{TPL_1, TPL_2, TPL_3, \ldots\} \rightarrow IB \rightarrow P_2$$

Dabei sollen die P die Problemsituationen, die TPL_1 usf. die tentativen Problemlösungen, IB die Irrtumsbeseitigung bezeichnen. Durch das Versuch-und-Irrtum-Verfahren wird aus der Reihe der tentativen Problemlösungen ausgewählt, was sich als brauchbar erweist, auf die mehr oder weniger gleiche Art, in der nach Darwin die Selektion der Arten erfolgt: survival of the fittest. Die Anleihe bei Darwin gibt Popper ein Instrumentarium, das ihm gestattet, eine Reihe von Themenkomplexen, die bislang unverbunden verfolgt worden waren, zu integrieren.

Das Grundproblem des Wachstums des Wissens, die forcierte Produktion von Theorien, die Irrationalität des kreativen Aktes der Theorienerzeugung, die Irrtumsbeseitigung, der Indeterminismus, die Situationslogik, die soziale Reformtechnologie, der praktische Falsifikationismus: „Laßt Theorien sterben, anstatt Menschen!" – all diese Topoi haben einen Anklang an die Evolutionstheorie, lassen sich in der Evolutionstheorie gleichsam verorten. Der Gedanke der Entwicklung läßt sich nicht nur auf die theoretischen und sozialen Produkte des Menschen anwenden, Popper gibt ihm – im Gedanken der Emergenz – Raum auch für seine Ontologie. Auch wenn diese beiden Dinge, Evolution und Ontologie, sich zunächst auszuschließen scheinen, Popper entwickelt letztere in Verbindung mit seiner Aufnahme der Evolutionstheorie. Die Welt der Bewußtseinszustände und die objektive Welt kultureller oder logischer Dinge und Verhältnisse sind gleichsam aus der Welt der physischen Dinge hervorgegangen, wie die höheren Organismen aus primitiveren hervorgegangen sind.

Über den wissenschaftstheoretischen Status der Darwinschen Evolutionstheorie hat sich Popper verschiedentlich geäußert.[1] Er ist nicht leicht zu bestimmen. Was erklärt Darwins Theorie? Läßt sich die These von der natürlichen Selektion überhaupt testen? Läuft die Behauptung, es würden jene Organismen ausgewählt, die am besten angepaßt sind, survival of the fittest, nicht letztlich auf die Tautologie hinaus, es würden eben die überleben, die überleben? Popper steht diesen Bedenken ziemlich nahe, und nennt die These von der natürlichen Selektion „fast tautologisch" (OE 268). Gleichwohl ist sie von großem wissenschaftlichen Interesse. Sie vermag viele Probleme für die empirische Forschung zu stellen, und sie zeichnet aus, von welchem Typus eine befriedigende Lösung sein sollte. Für Popper ist der Status einer solchen Theorie am besten als „metaphysisches Forschungsprogramm" beschrieben (vgl. S. 67ff). Auch wenn Popper in seiner „Darwin Lecture"[2] hinsichtlich der Testbarkeit etwas positiver urteilt, hält er doch allgemein an dieser Statusbestimmung fest. Gleichwohl hält er sie für wissenschaftlich leistungsfähig und ist an Überlegungen, die die Testbarkeit der Theorie steigern, besonders interessiert.

1. Evolution und der Baum der Erkenntnis

Schon E. Mach hatte in seinem Buch *Erkenntnis und Irrtum* die menschliche Erkenntnis als einen Selektionsprozeß nach Darwinschem Muster gedeutet. Popper greift drei Themen der Erkenntnistheorie unter darwinistischem Vorzeichen auf: (1) die Abfolge der Theorie, (2) das Wahrnehmungsverhältnis, (3) die Emergenz des Geistes bzw. des Bewußtseins. Diese Themen hängen freilich zusammen.

(1) Darwins Theorie der natürlichen Selektion hat dadurch für Popper etwas Faszinierendes, daß hier zielorientierte, zweckmäßige Strukturen erklärt werden, ohne Anleihen bei einer teleologischen Kausalität zu machen: die durch Zufallsfaktoren ausgelösten Variationen im Erbgut der Organismen werden durch den Druck von Konkurrenz und Umwelt in einem Kampf ums Überleben ausgewählt, so daß die Reproduktion der Species unter solchen Bedingungen schließlich für eine Art den Überlebensvorteil, für eine andere das Aussterben bringt. Im allgemeinen ergibt sich so eine Entwicklung zu immer komplizierteren Formen des Lebens. Die neu entstehenden Arten wären in ihren Formen und Fähigkeiten nicht zu prognostizieren, und ebensowenig ließen sich die Fähigkeiten der neuen Arten auf die früheren Formen reduzieren.

Genau diese Aspekte findet Popper in der Abfolge wissenschaftlicher Theorien verwirklicht: auch hier sind die Nachfolgetheorien in der Regel komplexer, sie haben größeren empirischen Gehalt als ihre Vorgänger. Sie lassen sich weder auf der Grundlage ihrer Vorgänger prognostizieren, noch lassen sie sich auf sie reduzieren. Das genau bedeutet nach Popper die Entstehung des Neuen, des Neuartigen: die *Emergenz* theoretischer Innovationen. So wie man vom Stammbaum der Arten spricht, kann man auch von einem Stammbaum wissenschaftlicher Theorien sprechen, die auch auf unterschiedlichen Zweigen angeordnet sind, so daß immer klar ist, welches die frühere, welches die spätere Fassung ist.

Nach Darwin werden die Variationen nach einem Zufallsprinzip erzeugt. Läßt sich dafür im Kontext theoretischer Innovation ein Analogon finden? Popper nennt den Entdeckungsschritt irrational und meint damit, daß der Forscher, wenn er mit einem neuartigen Problem konfrontiert ist, gleichsam tastend wie ein Blinder nach einer Lösung sucht.[3] Das scheint diesen Aspekt abzudecken. Andererseits geht der Forscher sicher nicht nach Zufallsprinzipien voran, sondern er benutzt seine früheren Erfahrungen, die als Hintergrundswissen seine Forschungsarbeit leiten – wenn auch sehr diffus. Aber in dem Maße, in dem Popper die Kontinuität der Forschung betont, d.h. die Bedeutung des Hintergrundwissens aufwertet, wird die Anwendbarkeit der Selektionstheorie Darwins unplausibel; denn im Fall „normalwissenschaftlicher" Entwicklung, d.h. bei (nahezu) konstantem Hintergrundswissen, scheint das Neue eher regelerzeugt als zufallserzeugt zu sein.

(2) Popper entwickelt seine Theorie der Wahrnehmung evolutionstheoretisch weiter. Die These von der Theoriebeladenheit der Beobachtung hatte schon von Anfang an negiert, daß es so etwas wie selbständige Wahrnehmung gebe. Jetzt versteht Popper die Wahrnehmung als einen Dekodierungsprozeß von Signalen, wobei angeborene Dispositionen aus der riesigen Menge von Signalen, die aus der Umwelt auf einen Organismus einwirken, die für den betreffenden Organismus wichtigen Informationen auswählen und entschlüsseln. Das ist ein indirekter und fallibler Vorgang, der in hohem Maß der Aktivität des Organismus zugerechnet werden muß. Nichts ist schlicht den Sinnen gegeben; „alles ist interpretiert, dekodiert; alles ist Resultat aktiven Experimentierens unter der Kontrolle des Forschungsdranges". (RC 1062) Wir müssen anerkennen, „daß unsere Beobachtungen hochkomplexe und nicht durchwegs verläßliche, wenn auch erstaunlich gute Entschlüsselungen der Signale sind, die uns aus der Umwelt erreichen". (OE 87)

Man muß also die Wahrnehmung einschließen unter all die Schritte, durch die sich ein Organismus an seine Umwelt anpaßt. Das Auge der Katze, das Auge des Frosches reagieren ganz unterschiedlich und auf ganz unterschiedliche Signale, den sehr verschiedenen Überlebensvorteilen der beiden Tierarten entsprechend. Nicht nur sind die jeweiligen Wahrnehmungen durch Dispositionen vorstrukturiert, auch die Erwartungen, die eine bestimmte Art an das Vorliegen bestimmter Situationen knüpft, sind genetisch präformiert. „Ich denke, daß sich jede Beobachtung auf bestimmte typische Situationen – Regelmäßigkeiten – bezieht, zwischen denen sie entscheiden möchte. Ich glaube, wir können sogar noch mehr behaupten: *es gibt kein Sinnesorgan, in das nicht antizipierende Theorien genetisch eingebaut wären.*“ (OE 86)

Die Indirektheit der Wahrnehmung soll man sich durch die Analogie mit dem Radarsystem klarmachen. Fledermäuse und Delphine benutzen für ihre Orientierung im Raum Systeme der Echoortung mit Ultraschall und können Beutetiere oder Hindernisse durch die Entschlüsselung der Lautsignale identifizieren. Auch das vermeintlich direkte Sehen muß man sich als einen in diesem Sinn indirekten Wahrnehmungsvorgang deuten. Wir sind auf diesen Vorgang so gut eingestellt, daß wir die komplizierten Dekodierungsschritte nicht mehr bemerken: wir „nehmen Dinge unmittelbar wahr“. Wir haben in einer sehr frühen Kindheitsphase gelernt, Dinge auf eine bestimmte Art wahrzunehmen, und viele neurophysiologische Vorgänge, die in Verbindung mit dem Wahrnehmen ablaufen, sind genetisch bedingt.

Nimmt man allerdings die Analogie von Wahrnehmung und Radar ernst, ergeben sich für Popper auch Schwierigkeiten. So glaubt Popper, durch die Evolution seinen Realismus stützen zu können. Die Indirektheit des Wahrnehmungsverhältnisses scheint jedoch eher gegen ihn zu sprechen. Wie soll man außerdem unter den verschiedenen Welten, die entsprechend den genetischen Differenzen von den unterschiedlichen Tierarten wahrgenommen werden, zu einer Auszeichnung einer wahren Welt kommen? Steht dann nicht die Welt des Menschen *neben* der des Frosches, der Bienen, etc., als die für die Species Mensch charakteristische, ohne daß sich eine als die eigentliche, die reale auszeichnen ließe?[4]

(3) Popper teilt die Ansicht heutiger Naturgeschichte, derzufolge das Auftreten des Bewußtseins eine vergleichsweise späte Entwicklung in der Geschichte der Natur ist. Nach einem langen anorganischen Stadium und nachdem lange Perioden der Entwicklung der Arten stattgefunden hatten, konnte sich schließlich eine Tierart entwickeln, deren Hirn so differenziert ist, daß es zu bewußtem Verhalten kommen kann. – Popper knüpft an eine Unterscheidung des Biologen Ernst Mayr an, der bei den Tierarten zwischen geschlossenen und offenen Verhaltensprogrammen trennt. In einem geschlossenen Programm ist das Verhalten einer Tierart durch den genetischen Code sehr genau fixiert. In einem offenen Programm bleiben Alternativen offen, gibt es Wahlsituationen. Damit löst sich die enge Fixierung an Umweltsituationen. Wir müssen annehmen, daß die Entwicklung offener Programme durch natürliche Zuchtwahl begünstigt wurde und daß die Umweltbedingungen auch die Entstehung des Bewußtseins begünstigten. – Wir können uns vorstellen, daß sich das Bewußtsein in unterschiedlichen Etappen entwickelt hat. So mag es zunächst Schmerzempfindung als Warnung gegeben haben, so daß ein bestimmtes Verhalten, eine Bewegung, unterbrochen bzw. geändert werden konnte, ehe es zu schlimmen Verletzungen kam. Eine nächste Etappe mag darin bestanden haben, daß bestimmte Bewegungen irgendwie ausprobiert wurden, ehe sie zur wirklichen Ausführung kamen. Es kann zu imaginierten Versuch-und-Irrtum-Schritten kommen, ehe sie in Wirklichkeit ausgeführt werden. Hier wird mit einfachen Formen der symbolischen Repräsentation, mit einfachen Modellsituationen umgegangen. Der Vorteil ist offensichtlich: wenn in der realen Situation etwas schief geht, mag es fatal für den Organismus sein, hingegen wenn in den Ersatzsituationen etwas schief geht, lassen sich die fatalen Folgen für den Organismus womöglich vermeiden. – Auf einer noch weiteren Stufe mag man dann schon die Verfolgung mehr oder weniger bewußter Ziele ansiedeln, wie z.B. das Jagen. Hier mag die Wahlsituation in Verbindung mit der Antizipation bestimmter Erfol-

ge oder auch Nachteile zur bewußten Bevorzugung bestimmter Ziele vor anderen führen, d.h. die Bevorzugung bestimmten Futters zur Bevorzugung bestimmter Ökonischen, und damit zu einem Überlebensvorteil.

All diese Stufen, diese möglichen Vorstufen von Bewußtsein, lassen sich als Vorteile im Kampf ums Dasein verstehen, die sich durch natürliche Zuchtwahl durchgesetzt haben, bis hin zur Emergenz des Bewußtseins. Aber auch die Stadien der Kulturentwicklung, der Entwicklung von Wissenschaft und Kunst bis hin zur Entwicklung der Idee der Freiheit als Grundlage schöpferischen Schaffens möchte Popper gemäß dem darwinistischen Evolutionsmodell denken.[5] Popper versteht die Adoption der Darwinschen Selektionstheorie nicht in einem nur metaphorischen Sinn, sondern als eine genuine Anwendung: Erkenntnis vollzieht sich „als *natürliche Selektion der Hypothesen:* unsere Erkenntnis besteht zu jedem Zeitpunkt aus denjenigen Hypothesen, die ihre (relative) Tüchtigkeit dadurch gezeigt haben, daß sie bis dahin in ihrem Existenzkampf überlebt haben, ein Konkurrenzkampf, der die untüchtigen Hypothesen ausmerzt." (OE 288)

Es gibt jedoch charakteristische Unterschiede zwischen dem Entwicklungsstammbaum der biologischen Arten (und der Werkzeuge) und den Erkenntnisprodukten. Denn im ersteren Fall geht die Entwicklung vom allgemeinen Prototyp zu den speziellen, differenzierteren Arten, vom Einzeller als gemeinsamem Ursprung zu den Species mit unterschiedlichsten Fähigkeiten. Hingegen geht die Entwicklung der wissenschaftlichen Theorien neben differenzierenden Schritten häufig in entgegengesetzte Richtung, indem sie Gebiete, die bislang unverbunden waren, unter einer einheitlichen Theorie integriert. Solche Schritte betrachten wir sogar als die signifikanteren wissenschaftlichen Fortschritte: z.B. die Vereinigung von Galileis Fallgesetz und Keplers Planetengesetzen unter Newtons Theorie der universalen Gravitation. Das integrative Wachstum des Wissens überwiegt letztlich: wir wissen, daß Popper als Ziel des Wissens *das Streben nach der einen, wahren Theorie* ansetzt – so daß wir uns den Stammbaum des Wissens als einen auf den

Kopf gestellten Baum vorstellen müssen. Die Ideen der Einheit und Wahrheit spielen hier also eine bleibende Rolle, sie werden nicht von bloßen Überlebensgesichtspunkten abgelöst.[6]

Das Lernen vollzieht sich als ein Antworten auf Herausforderungen der Umwelt, die uns vor Probleme stellt. Das Subjekt verhält sich dabei nicht passiv, um sich belehren zu lassen, sondern aktiv, ist neugierig, tritt in eine Situation mit Erwartungen ein, und lernt über die Registrierung der enttäuschten Erwartungen. Lernen vollzieht sich nicht „instruktiv", sondern „evokativ", wie es P. Medawar genannt hat, von dem Popper die Terminologie übernimmt (OE 294). Dieses Moment der Aktivität ist nicht nur für Poppers Epistemologie wichtig, es ist charakteristisch für sein Verständnis der Evolutionstheorie insgesamt, was wiederum mit seiner Theorie der Propensitäten, der realen Dispositionen zusammenhängt.

Popper bringt in die Evolutionstheorie einen Vorschlag ein, der jedoch hochproblematisch ist: seinen „genetischen Dualismus".[7] Er soll ein genuines Problem der Darwinschen Theorie lösen helfen, nämlich wie aus einer großen Zahl zufälliger und unabhängiger Mutationen etwas so „Zweckmäßiges" wie das Auge entstehen kann. Popper meint, daß der genetische Dualismus hier helfen kann. Er geht davon aus, daß es zwei verschiedene Klassen von Erbanlagen gibt: die eine regelt das *Verhalten*, die andere die *rein organische Ausstattung* (Gliedmaßen, Sinnesorgane). Es ist nach dieser Auffassung nicht ein und derselbe Satz von Genen dafür verantwortlich, daß wir z.B. Augen *haben* und wie wir sie *gebrauchen*. Mutationen, meint Popper nun, können unabhängig voneinander in beiden Bereichen auftreten – sie werden aber dann sehr verschiedene Konsequenzen zeitigen. An einem Modell – einem automatisch gesteuerten Flugzeug – erläutert Popper die Vorteile des Dualismus gegenüber dem genetischen Monismus (OE 302–306). An einem solchen „Mechanismus" können vier verschiedene Sorten von Mutation auftreten: (1) Änderungen in der Struktur des automatischen Piloten. (2) Änderungen in einem „Organ", das der Pilot bedient, z.B. Höhenruder. (3) Änderungen in selbstregulierten Systemen, z.B. Thermostat. (4) Änderungen zur selben Zeit in mehr als einem Organ.

In einem komplizierten Organismus sind wohl die meisten zufälligen Mutationen von Nachteil und werden eliminiert, und die Fälle, die *gleichzeitig* mehrere Organe oder verschiedene Typen betreffen, sind so unwahrscheinlich, daß sie vernachlässigt werden können. Bleibt der interessante Fall (1), der sich vom monistischen Ansatz auch prinzipiell unterscheidet. Zwei Resultate ergeben sich von daher: einmal werden Mutationen in der Struktur des automatischen Piloten wahrscheinlich weniger oft tödlich ausgehen als solche im Ausführungssystem; zum anderen werden – sofern neue Ziele, Dispositionen oder Fähigkeiten oder Verhaltensweisen sich in der zentralen Propensitätsstruktur ergeben haben – dadurch die nun eintretenden Mutationen im exekutiven Teil eine ganz neue Bewertung erhalten; Mutationen, die potentiell vorteilhaft sind, aber wegen der Unangepaßtheit an das Steuerungssystem sich nachteilig, ja tödlich auswirken, können nun de facto vorteilhaft sein. „Das bedeutet aber, daß die Entwicklung der Ausführungsorgane von dieser Tendenz oder diesem Ziel gesteuert wird, also eine ‚zielgerichtete' wird." (OE 305) Die Mutationen des zentralen Systems übernehmen gleichsam die Führung, d.h. nur solche Mutationen der exekutiven Strukturen werden erhalten, die in den zuvor durch Mutation abgesteckten Rahmen der Propensitäten passen. M.a.W., einer Giraffe, die sich noch nicht in ihrer Futteraufnahme „nach oben" orientiert hätte, könnte der lange Hals nur hinderlich sein.

Der genetische Dualismus mit der Führung eines Gensatzes von Propensitäten, von Neigungen und Wünschen, rückt gefährlich nahe an ein teleologisches Denken, das doch gerade durch Darwin sollte verabschiedet sein. Popper scheint sich noch näher in diese Ecke zu rücken, wenn er beansprucht, daß der genetische Dualismus sowohl den Lamarckismus wie den Vitalismus und Animismus „erklären" könne – all das Formen, die mit dem Mechanismus der Darwinschen Selektion unverträglich sind. Zwar beeilt sich Popper festzustellen, daß der

Dualismus diese explizit teleologischen Strukturen nur „simuliere“, aber da die Evolution von Popper primär am Phänomen der Entstehung von Bewußtsein, Sprache, Wissen thematisiert wird, spielt die „Zielorientierung“ nicht nur als eine beiläufige Metapher herein. Allerdings ist sich Popper der Schwierigkeiten des genetischen Dualismus, insbesondere was seine Testbarkeit angeht, durchaus bewußt.

Darwins Theorie der natürlichen Zuchtwahl hat die Teleologie in ihrer Entbehrlichkeit für Erklärungen im Naturbereich gezeigt, das ist auch nach Popper sein großes Verdienst (OE 295). Gleichwohl möchte Popper kein reduktionistisches Programm der Biologie damit verbinden. Im Gegenteil: seine Emergenzthese ist gegen den Reduktionismus gerichtet. Die aus den unteren Schichten emergierten neuen Formen sind so wenig ein nur epiphänomenaler Überbau, daß Popper ihnen sogar eine „downward causality“, eine nach unten gerichtete Kausalität zuspricht. Diese „Abwärtskausalität“ ist die allgemeinere Fassung des Interaktionismus, den Popper bezüglich des Leib-Seele-Dualismus vertritt, worauf wir im nächsten Kapitel eingehen.

Popper nimmt unter den Evolutionären Erkenntnistheoretikern eine Sonderstellung ein, sofern er die Evolutionstheorie nicht als eine Grundlage ansehen kann, auf die sich die kognitiven Leistungen des Menschen gründen ließen; weder wäre das mit dem allgemeinen Kritizismus verträglich, noch deckte es sich mit seiner Auffassung von der Selektionstheorie als metaphysischem Forschungsprogramm. Fragen der Zirkularität, des Status, möglicher Selbstanwendung der evolutionären Erkenntnistheorie, die in letzter Zeit viel Diskussion erfahren haben, stellen sich von Popper her in anderer Form als in den Versionen, die sie durch Konrad Lorenz, Riedl, Wuketits, Vollmer, erhalten haben.[8] Auch wenn Popper die Fragen der Testbarkeit der Evolutionstheorie in der einen oder anderen Form immer wieder anspricht, so dürfte doch klar sein, daß die Evolutionstheorie für ihn eher ein Deutungsmuster als eine empirisch-wissenschaftliche Theorie ist, eine Perspektive, die unterschiedliche Aspekte zu integrieren gestattet, die aber insbesondere das Moment der Unabgeschlossenheit der Formen, der Offenheit für weitere Entwicklung als Grundzug enthält.

2. Die Theorie des objektiven Geistes

In Verbindung mit Poppers Philosophie wird dieser Titel manchen als Fehlgriff erscheinen. Denkt man an Philosophen wie Plato, Hegel oder Frege, dann scheint es ganz klar zu sein, daß ihre Philosophie durch die Auszeichnung einer invarianten Idealität zu charakterisieren ist. Jedoch haben wir gerade im letzten Kapitel Popper als Vertreter eines evolutionären Denkansatzes gesehen, der doch eher gegen den Gedanken der Invarianz gerichtet ist. Auch Poppers Kritizismus und Fallibilismus scheinen nicht in diese Richtung zu weisen. Wird man unter dem Titel tatsächlich mehr erwarten dürfen als Erklärungen, die gegen den Subjektivismus[9] gerichtet sind, wovon wir ja schon hinreichend Zeugnisse fanden?

In der Tat ist es der Subjektivismus in Logik, Wahrscheinlichkeitstheorie und Physik – in außerphilosophischen Zonen also –, gegen den Popper seine Auffassung vom objektiven Geist richtet. Seine Konzeption des objektiven Geistes soll überdies nicht nur die Erkenntnistheorie betreffen, sie soll eine Ontologie aller Kulturprodukte des Menschen liefern. Vorrangig hat jedoch Popper Fragen der Geltung von Behauptungen im Sinn. Deshalb schätzt er auch seine Nähe und Verwandtschaft zu Bolzano und Frege höher ein als die zu Plato und Hegel (OE 123f.).

Poppers Ontologie kennt eine Einteilung aller Entitäten in drei Klassen, für deren Kennzeichnung er den Begriff der Welt benutzt: Die Welt-1 ist die Welt aller physischen Gegenstände und Zustände; Welt-2 ist die Welt der Bewußtseinszustände; die Welt-3 ist die Welt des objektiven Geistes oder der Kulturprodukte. Daß diese drei Sorten von Entitäten in drei verschiedenen Welten angesiedelt werden, soll besagen, daß sie grundverschiedene Eigenschaften haben – durch Welten getrennt sind, wie wir sagen.

Welt-1 enthält alle physischen Dinge, zunächst alle materiellen Objekte mittlerer Größe, mit denen wir es ständig zu tun haben: Steine, Bäume, auch Tische und Stühle, wenn wir sie nicht als technische Produkte, sondern bloß als materielle Objekte ansehen. Diese sind gleichsam die primären Kandidaten der Welt-1, und alles, was in physikalische Wechselwirkung mit ihnen treten kann, wird als Bewohner von Welt-1 angesehen. Da sind die sie aufbauenden Stoffe und Kräfte bis hinab zu den Elementarteilchen und ihren Kraftfeldern, und da sind die Planeten, die Sonnensysteme, die Spiralnebel und ihre Kraftfelder. Welt-1 scheint einfach zu bestimmen, stabil, und wir brauchen uns im Zweifel nur an den Physiker zu halten.

Welt-2 ist von den Bewußtseinszuständen bevölkert, unsicheren Kandidaten und überaus flüchtigen, von Wünschen, Schmerzen, Absichten, Ängsten, Hoffnungen etc., aber auch von Denkakten und Wahrnehmungserlebnissen, in denen wir wissenschaftliche Erkenntnisse vollziehen. Sind sie auch flüchtig, so zeichnet die Bewußtseinszustände aus, daß wir uns ihrer unmittelbar bewußt sind. Deshalb hatten Empiristen wie M. Schlick auch die Wissenschaft auf die Wahrnehmungserlebnisse, als unbezweifelbaren Weisen von Erfahrung, gründen wollen. Die Konkretheit (Einzelheit) und Unmittelbarkeit des Erfahrungsbezugs, zugänglich im Erlebnis, sollten das Fundament legen. Jedoch betont Popper bereits in der *Logik der Forschung* gegenüber diesem Innenaspekt des Erlebens den der intersubjektiven Nachprüfbarkeit, Mitteilbarkeit, Objektivierung. Damit ist die Wurzel dessen benannt, was sich dann als Welt-3 auswächst. Frege[10] folgend, unterscheidet Popper streng zwischen den mentalen Episoden, den Denkakten auf der einen Seite und den Denkinhalten bzw. Denkobjekten auf der anderen.

Die Welt-3 wird von den Denkinhalten bevölkert. Für die Denkinhalte, die Gedanken (Frege), etwas verhalte sich so und so, ist es kennzeichnend, daß sie in *logischen Relationen* stehen, während die Denkprozesse psychologischen Gesetzen, z. B. der Assoziation, unterliegen. Gedanken können einander widersprechen oder miteinander verträglich sein, können als Folgerungen oder als Widerlegungen aufeinander bezogen sein. Sie können das aufgrund ihres Wahr-oder-falsch-sein-Könnens. Der Wahrheitsbegriff spielt in Verbindung mit Poppers Theorie des objektiven Geistes eine entscheidende Rolle, und es ist nicht von ungefähr, daß Popper die *Objektive Erkenntnis* dem polnischen Logiker A. Tarski gewidmet hat. Die sog. „ewigen Wahrheiten“, Aussagen, die wahr sind in „allen möglichen Welten“, haben immer als primäre Stützen eines fortlebenden „Platonismus“ gedient.

Popper zählt als Bewohner der Welt-3 auf: wissenschaftliche Theorien (wahre wie falsche), Vermutungen, Widerlegungen, Argumente (gültige wie ungültige), Probleme und Problemzustände, Inhalte von Büchern, Interpretationen, Erzählungen, erklärende Mythen. All das ist sprachlich Gefaßtes. „*Theorien oder Behauptungen oder Aussagen sind die sprachlichen Gegenstände in Welt-3.*“ (OE 177) Er zählt dazu aber auch die mathematischen *Gebilde* (diese sogar vorrangig): die Reihe der natürlichen Zahlen, die Menge der Primzahlen, der Primzahlpaare usw. Und schließlich alle Kunstprodukte des Menschen: Werkzeuge, technische Gerätschaften, Skulpturen, Gemälde, Dichtungen und natürlich die Sprache selbst. Hier freilich ergibt sich sofort eine Schwierigkeit: soll die logische Verknüpfung von Behauptungen Grundmerkmal der Bewohner von Welt-3 sein oder das selbständige Bestehen immaterieller Objekte? Die mathematischen Gegenstände könnte man leicht im Sinne der ersten Kennzeichnung behandeln; denn sie werden nur im Kontext mathematischer Behauptungen thematisiert. Anders jedoch verhält es sich mit den Gegenständen der Kunst. Hier ist nicht so leicht zu sehen, in welchem Sinne mit ihnen oder über sie etwas behauptet wird, das wahr oder falsch sein kann. Allenfalls läßt sich das von den Interpretationen der Kunstwerke sagen. Aber Popper meint, daß die Gegenstände selbst, nicht ihre Deutungen, Mitglieder der Welt-3 sind. Und während man von einem in einem Buch gedruckten mathematischen Beweis leicht sagen kann, daß das Buch der Welt-1, der Beweis jedoch der Welt-3 angehört, ist eine solche Trennung bei Gemälden oder Skulpturen ganz unplausibel. Soll man sagen, die Leinwand, die Farben, der Marmor etc. gehören der Welt-1 an, ihr

Arrangement, ihre Gestaltung der Welt-3? Was aber ist diese *Form*, wenn man sie von aller Materialität abzieht? Will Popper allen Ernstes jenen Idealismus platonischer Formen übernehmen, den er in der *Offenen Gesellschaft* als „Essentialismus" kritisiert und verworfen hat?

Trotz der harten Platokritik hat sich Popper mit seinem Konzept von Welt-3 an dessen Ideenkosmos orientiert, bis in die Terminologie hinein, wenn er von der Welt-3 sagt: sie sei die Welt der „intelligibilia oder der Ideen im objektiven Sinn" (OE 173) und Plato allgemein als „den Entdecker der Welt-3" anspricht (OE 140). Dennoch ist der Unterschied zwischen Platos Ideenkosmos und Poppers Welt-3 gewaltig. Für Plato ist die Welt der Ideen unentstanden, göttlich, ewig und unveränderlich. Die Beziehung, die zwischen der Welt der Ideen und der Welt der sinnlich wahrnehmbaren Dinge besteht (Teilhabe, Abbild), ist nicht ohne innere Schwierigkeiten, jedoch steht für Plato fest, daß es eine einseitige Beziehung ist: die sinnlich wahrnehmbaren Dinge haben keinerlei Einfluß auf die Welt der Ideen, wohl aber umgekehrt. – Popper jedoch verbindet den Evolutionsgedanken mit der Welt-3: Poppers Welt-3 ist vom Menschen gemacht, und sie verändert sich. In welchem Sinn soll sie dann noch objektiv oder „autonom" sein,[11] wie Popper sagt? (OE 179ff.)

Das Moment der Veränderung mit Bezug auf die Welt-3 gehört dem Erbe Hegels zu. Im Unterschied zum subjektiven Geist ist der objektive Geist bei Hegel die Erscheinung der überindividuellen Form des Geistes in der Geschichte, d.h. in Recht, Moralität und Sittlichkeit denkt er Darstellungen des Geistes in einem objektiven Sinn.[12] Man kann das auch als eine Kultur zusammenfassen. Kulturen aber können sich weiter entwickeln, haben eine Geschichte, die von Hegel als die Geschichte der Erscheinung des absoluten Geistes gedeutet wird. Popper lehnt diesen Rückgriff auf die Idee des absoluten Geistes, wenn man so will die unerschütterlichen Gedanken Gottes, emphatisch ab; er widerstreitet seinem fallibilistischen Ansatz elementar. Aber daß wir die jeweilige Kultur als eine Objektivierung menschlichen Bewußtseins deuten, liegt ihm nahe.

In künstlerischer Tätigkeit entäußert sich das Bewußtsein, gestaltet etwas, das als Werk für sich Bestand hat. Das Produkt des Bewußtseins erhält einen Status der Unabhängigkeit, der sich daran zeigt, daß es auch für andere zugänglich ist, objektiv, autonom ist.

Die Anleihe bei Platos Ideenkosmos verbindet sich gemäß Poppers Evolutionsgedanken so unmittelbar mit Hegels Gedanken einer *Geschichte* des objektiven Geistes und dessen Vorstellung der *Objektivierung des Bewußtseins.*[13] Wir werden sehen, daß diese Platonisch-Hegelsche Seite der Welt-3 in Konflikt gerät mit der von Frege übernommenen Bestimmung.

Popper erläutert den speziellen ontologischen Status relativer Autonomie, wie ihn seine Welt-3 kennt, gern am Beispiel der Mathematik. Ungleich den Intuitionisten[14] nimmt Popper an, daß sogar die Reihe der natürlichen Zahlen menschliches Erzeugnis ist. Dennoch gibt es unendlich viele Zahlen, mehr also, als je vom Menschen „gezählt" oder benutzt werden könnten. Wichtiger jedoch ist, daß wir an diesen von uns erzeugten Gebilden Eigenschaften *entdecken* können oder auf *Probleme* stoßen können, die mit der Erzeugung dieser Gebilde weder intendiert noch absehbar waren. Ja, es mögen Probleme auftauchen, die unlösbar sind, die wir nicht meistern können. Popper nimmt solche Situationen als direkte Evidenz für die Behauptung der Autonomie der Welt-3 und meint damit, beides vertreten zu können: ihr Erzeugtsein durch den Menschen und ihre (relative) Autonomie.

Werden wir jedoch nicht auch von spezifischen Bewohnern der Welt-2 sagen können, daß wir uns vor ihnen beugen müssen, daß wir ihrer nicht Herr werden? Wie steht es mit unseren Ängsten, wie mit Traumerlebnissen, wie mit Zwangsvorstellungen? Erfahren wir uns ihnen gegenüber nicht ebenso als „Entdecker", will sagen, begegnet uns hier nicht auch etwas, das unserem subjektiven Belieben entzogen ist und insofern „objektiv", „real" zu nennen ist? Ist nicht das Zittern der Knie des wahnhaft Verfolgten genau so real (zeigt Wirkungen in Welt-1) wie beim wirklich Verfolgten? Um diese Fälle auszuscheiden, muß Popper offenbar einen intersubjektiven Begriff von „erzeugen" im Sinn haben. Nicht ein vereinzeltes Bewußtsein kann Welt-3-Gegenstände erzeugen, sondern die Welt-2 insgesamt, d.h. menschliches Bewußtsein läßt Welt-3 emergieren. Die (relative) Autonomie der Welt-3-Objekte besagt mithin eine Unabhängigkeit von den individuellen Bewußtseinsakten der an ihnen oder über sie arbeitenden Menschen. Die Euklidische Geometrie ist nicht die Menge der mentalen Episoden des Euklid, der Geometrie treibt, sondern sie besteht aus ihren Axiomen und der Menge der Theoreme, die logisch aus ihnen folgen, wobei Geometrie immer Erzeugnis menschlichen Denkens ist.

Vom Gedanken der Evolution und der Emergenz her stehen die Momente des Hervorgehenlassens und der Wechselwirkung im Vordergrund vor denen der Abgeschlossenheit und Getrenntheit der Welten. Die drei Welten stehen nach Popper in einem dynamischen Verhältnis zueinander, das er im Sinne einer kosmischen Emergenz versteht, dabei dem so bekämpften Naturalismus bzw. Materialismus ziemlich nahe kommend.

Der Evolutionsgedanke durchherrscht alle drei Welten und bildet auch die Grundlage der möglichen Verknüpfungen und Wirkungen zwischen ihnen. So wird die Welt-1 zunächst unter dem Gedanken der Entwicklung strukturiert, angefangen von der Erzeugung des Heliums durch die Verschmelzung zweier Wasserstoffatome im Inneren der Sterne bis zur Entstehung immer schwererer Atome, deren schließlichem Zusammenbau zu einfachen, dann komplexen Molekülen und Molekülketten, bis hin zur Entstehung von organischen Substanzen und Mikroorganismen, schließlich deren Entwicklung zu immer höher organisierten Lebewesen, wie es die Selektionstheorie Darwins beschreibt: aus einem Pool von zufallsbedingten Variationen bilden sich neue Arten durch natürliche Zuchtwahl. Die Überlebenschancen der Arten werden steigen, je mehr Flexibilität gegenüber sich ändernden Umweltbedingungen erreicht wird. Wie im vorigen Kapitel gezeigt, führt das zur Favorisierung repräsentierender und imaginierender Fähigkeiten. Die Entwicklung der höheren Säuger, Prähominiden, Hominiden bis hin zum homo sapiens folgt dieser Linie, in der es zum gewaltigen Wachstum des Großhirns kommt und zur Emergenz des Bewußtseins. Folgende bedeutende Schritte der Emergenz listet Popper auf (I & G 50):

1. Die Erzeugung der schweren Elemente
2. Der Beginn des Lebens
3. Die Emergenz des Bewußtseins
4. Die Emergenz der Sprache und des Selbstbewußtseins.

Die Welt-2 ist also entstanden; d.h. es gab lange Perioden dieses Universums, in der es Welt-1 aber nicht Welt-2 gab. Und Welt-2 ist ein emergentes Produkt von Welt-1. Darüber wird in Verbindung mit dem Leib-Seele-Problem (nächstes Kap.) zu handeln sein. – Und wiederum ist die Welt-3 ein emergentes Produkt von Welt-2. Sie ist bevölkert von Objektivierungen von Welt-2, so wie ein Spinnennetz die Objektivierung eines Hervorbringens der Spinne ist, die auch unabhängig von ihr existiert. Das von Spinnen gewobene Netz, der von Bibern erbaute Damm bestehen als Objektivierungen losgelöst von ihren Erzeugern und stellen für andere Organismen Probleme dar – manchmal unlösbare. Wenn aber die für sich bestehende Objektivation Kriterium für die Mitgliedschaft in Welt-3 ist, gehören dann nicht die Häuser, die Autos, die Fabriken – aber auch die Maulwurfshaufen und unsere Müllhalden – dazu? Aber diese bevölkern doch allzu offensichtlich Welt-1! Betont Popper das Moment der Objektivation und denkt an künstlerische und technologische Produktion, dann wird die Sonderstellung von Mathematik und Logik unplausibel, und er erhält mehr Kandidaten der Welt-3, als ihm lieb ist. Betont er den Geltungsaspekt von Behauptungen, die argumentative Struktur der Sprache, dann läßt sich das kaum mit dem Moment des zeitlichen Entstehens verbinden (es gibt dann zwar eine Geschichte der Entdekkungen in Mathematik und Logik, jedoch keine Genese der mathematischen und logischen Wahrheiten), und die künstlerisch-technologischen Produkte gehören nicht zur Welt-3. Es ist nicht zu sehen, wie Poppers Welt-3 der Zerreißprobe zwischen dem Fregeschen Logizismus und dem Platonisch-Hegelschen Idealismus standhalten kann.

Eine vergleichbare Spannung zeigt sich auch hinsichtlich der Wirkungen, die Popper zwischen den drei Welten zuläßt. Jede

Welt sucht sich zu transzendieren; Popper spricht von schöpferischer oder von emergenter Evolution (I&G 34ff.); sie ist die Grundlage der Emergenz von Welt-2 aus Welt-1 und von Welt-3 aus Welt-2. Aber es gibt auch eine „Abwärtskausalität": nicht nur, indem der Mensch seine physische Umgebung verändert, sondern eine Kausalität der Welt-3 auf Welt-2 und vermittels des Bewußtseins auch auf Welt-1. Es sind Ideen, die die Welt verändern. Die Ausbildung unseres Urteilsvermögens, unserer Kritikfähigkeit, die Entwicklung der Wissenschaft werden von Popper als Einflüsse der Welt-3 auf Welt-2 gedeutet. Damit ein Wissenschaftler etwas über die Welt-1 erfahren kann, muß er sich mit dem Rüstzeug der Mathematik, muß er sich mit methodologischem Regelwerk, d.h. mit Welt-3-Objekten vertraut machen: Gedanken bestimmen dann unser Bewußtsein. Das Schlüssige einer Deduktion, das Zwingende einer Argumentation, das Treffende einer Kritik erklärt Popper als Effekte von Welt-3 auf Welt-2. Mir scheint jedoch, daß Popper hier nur metaphorische Rede produziert. Zwar sind es allgemeine Erfahrungen, daß Kinder mächtiger werden können als ihre Eltern, daß Schüler ihre Lehrer belehren können, daß eine technologische Erfindung reichere Anwendungsmöglichkeiten zeigt, als ihr Erfinder im Auge hatte. Aber wieso soll das die Autonomie einer Welt-3 stützen und einen *kausalen Einfluß* dieser Welt auf uns und unsere Umwelt? Überdies, welchen Begriff von Kausalität benutzt Popper, wenn er von der „downward causality" spricht? Was einer solchen Vorstellung Plausibilität verleiht, das ist die Selbsterfahrung willentlicher Steuerung und Einflußnahme auf unseren Körper: wenn wir uns vornehmen, dort oder dort hinzugehen, und es dann tun. Unsere bewußten Handlungen scheinen primäre Kandidaten für „Abwärtskausalität" zu sein, womit wir bei der Anwendung von Poppers Ontologie auf das Leib-Seele-Problem wären.

3. Poppers 3-Welten-Lehre und das Leib-Seele-Problem

Poppers 3-Welten-Lehre ist wesentlich eine Lehre der Welt-3, des objektiven Wissens, und gerichtet gegen den Subjektivismus in der Erkenntnistheorie. Sie ist nicht konzipiert, um das Leib-Seele-Problem zu lösen, das die Philosophen peinigt, seitdem Descartes den Menschen in eine denkende und eine ausgedehnte Substanz gespalten hatte.

Aber der Neurophysiologe John Eccles hat Poppers Ontologie aufgegriffen[15] und auf die Frage nach dem Verhältnis von Geist und Körper, dem Verhältnis von menschlichem Selbstbewußtsein und den neurophysiologischen Vorgängen in der Großhirnrinde angewandt. So kam es zu einer Koproduktion, in der nun die 3-Welten-Lehre ganz in der Perspektive auf das Verhältnis von Ich und Gehirn hin thematisiert wurde: d.h. das Verhältnis von Welt-1 und Welt-2 steht im Vordergrund, wobei der Welt-3 eine eher instrumentelle Rolle zufällt.

1974 verbrachten Eccles und Popper einen gemeinsamen Forschungsaufenthalt in der Villa Serbelloni der Rockefeller Foundation am Comer See. Jeder der beiden schrieb eine Abhandlung zum Leib-Seele-Problem: Popper mit starken Exkursen in die Geschichte der Philosophie und Kritik alternativer Ansätze (Monismus, Epiphänomenalismus, Identitätsthese etc.), Eccles als Neurophysiologe. Außerdem trafen sie sich regelmäßig, um über die verschiedenen Aspekte ihrer Problematik zu diskutieren. Diese Dialoge wurden auf Tonband aufgenommen, überarbeitet, und bilden ein knappes Drittel des gemeinsamen Buches, das 1977 unter dem Titel *The Self and its Brain* erschien. 1982 erschien die deutsche Übersetzung *Das Ich und sein Gehirn.*

Beide Autoren vertreten in dem Buch eine *dualistische* Position. Sie anerkennen neben den materiellen Gegenständen das Bewußtsein als eine eigenständige Realität. Aber im Unterschied zu einem Parallelismus, bei dem Leibliches und Seelisches nicht aufeinander einwirken können, vertreten Popper und Eccles einen *Interaktionismus:* Welt-1 und Welt-2 können in Wechselwirkung treten. In gewisser Weise übernehmen sie damit die Position von Descartes, mit dem die neuzeitliche Problematik des Leib-Seele-Problems ja begonnen hatte. Nach Descartes sind Körper und Geist je verschiedene Substanzen, selbständig und fremd gegeneinander und die beiden einzigen endlichen Substanzen. Die körperlichen Substanzen führen Bewegungen aus nach Druck und Stoß, unterliegen rein mechanischen Gesetzen. Die Tiere, als unbeseelte Körper, sind nichts anderes als Automaten,[16] komplizierte mechanische Maschinen. Nur beim Menschen, dem beseelten Körper, räumt Descartes eine Einwirkungsmöglichkeit der denkenden Substanz auf die körperliche ein. Die Seele kann, so Descartes, über ein besonderes Organ im Gehirn, die Zirbeldrüse, Einfluß auf den Gang der „Lebensgeister" nehmen und so Körperfunktionen und Bewegungen steuern. Popper und Eccles folgen Descartes nicht nur qua Dualisten und Interaktionisten, sie übernehmen auch die Frage, wie man sich die Wechselwirkung zwischen Ich und Gehirn zu denken habe und wo sie stattfinde. Und trotz des immensen Fortschritts der Neurophysiologie ist in diesem Themenfeld doch nach wie vor viel Freiraum für Vermutung und Hypothesenbildung, die auch über den Wissenschaftsbereich im engeren Sinne hinausgreifen.[17]

Das Verhältnis von Welt-1 und Welt-2 ist ganz durch den Gedanken der Emergenz und der Dynamik geprägt: Selbsttranszendenz charakterisiert jede Stufe der Evolution, der andererseits eine Abwärtskausalität begegnet, die gegen jeglichen reduktionistischen Ansatz gerichtet ist. Dem Dynamischen auf der rein physikalischen Ebene entspricht auf den höheren Emergenzstufen das Aktive, Spontane, die Neugierde, die Imagination und schließlich die intellektuelle und künstlerische Produktivität.

Wir wissen, daß Popper das Wahrnehmungsverhältnis keineswegs als ein passives Wirkungsverhältnis physischer Objekte auf das Subjekt verstanden wissen will, sondern daß die Aktivität des Subjekts vorrangig ist. Dieser Aktivität, von der die Selektivität der Wahrnehmung ein Aspekt ist, liegt eine organismische Disposition zugrunde, die uns in einem Zustand der Aufmerksamkeit, Wachheit, Neugierde hält. Neugierde (attention) spricht Popper sogar den Tieren in je verschiedenen Stufen zu. Im Unterschied zu Descartes sind für Popper die Tiere nicht in ein mechanisches Reiz-Reaktions-Schema zu pressen; sie sind vielmehr *Aktivitätszentren,* ohne die es weder Reiz noch Reaktion geben würde. Die Neurophysiologie scheint diese Auffassung zu bestätigen: schon die visuelle Wahrnehmung ist von einem direkten Abbilden nach Art der Photographie weit entfernt (die camera obscura steht im Hintergrund vieler Erkenntnistheorien von empiristischer Prägung!). Das wahrgenommene „Bild" wird so oft zerlegt und kodiert, wieder entschlüsselt und zusammengesetzt, daß sich der Vorgang als neurophysiologisch hochkomplex herausstellt. Der Vorgang der visuellen Wahrnehmung setzt insbesondere Neuronen *im angeregten Zustand* schon voraus; ohne den primären Erregungszustand der entsprechenden Nervenzellen würden wir überhaupt keine sinnlichen Eindrücke haben, bzw. würden sie nicht die Schwelle der Bewußtwerdung erreichen. Ohne die Erregungsenergie, die Aktivität im Subjekt, könnten mithin Signale, die die Sinne erreichen, nicht bewußt werden.

Diese Aktivität ist noch offensichtlicher für die Ausbildung des Selbstbewußtseins. Hier kommt nach Popper die Wechselwirkung mit Welt-3-Objekten ins Spiel, insbesondere das Erlernen einer Sprache. Die Ausbildung eines Selbstbewußtseins: daß wir uns als Ich, als Person vorstellen können, setzt das Verfügen über Sprache voraus. Auch wenn es eine genetische Grundlage des Sprachvermögens gibt, so wird diese Disposition doch nur in sozialer Interaktion realisiert, d.h. in Übernahme kultureller Leistungen. Indem das Subjekt eine Sprache erlernt, eignet es sich Welt-3-Gegenstände an, womit es zugleich zur Welt-3 objektiv beiträgt. Nicht nur bildet *sich* das Selbstbewußtsein durch Wechselwirkung mit Welt-3, es vermag durch diese Beziehung auch *gezielt* Einfluß auf die Welt-1 zu nehmen, indem Planungen zur Technikanwendung einsetzen, Maschinen gebaut, Landschaften kultiviert oder zerstört werden.

Poppers 3-Welten-Theorie hat zur Problematik des Leib-Seele-Verhältnisses folgende Aspekte beizutragen:

(a) Die Interaktion von Welt-3 und Welt-2 soll uns helfen, ein

Verständnis für das Interagieren von Welt-1 und Welt-2 zu erreichen, wovon das eigentliche Leib-Seele-Verhältnis ein besonderer Fall ist.
(b) Der Spracherwerb[18] ist konstitutiv für die Ausbildung des Selbstbewußtseins. Dem Lernvorgang (Partizipation an Welt-3) fällt eine besondere Rolle für die Entwicklung der Großhirnrinde (Welt-1-Objekt) zu.
(c) Der wichtigste Einfluß von Welt-2 auf Welt-1 geschieht *vermöge* der Welt-3-Objekte (Kultivierung der Natur), aber Welt-3 hat nur Einfluß auf Welt-1 *vermittelt* durch Welt-2.

Der Einfluß des Bewußtseins auf körperliche Prozesse steht in Übereinstimmung mit dem Darwinistischen Ansatz Poppers, demzufolge die Emergenz des Bewußtseins einen Selektionsvorteil bedeutet. Damit steht Popper gegen den Epiphänomenalismus, der die Bewußtseinsphänomene nur als ein Beiprodukt bestimmter materieller Prozesse ansieht, die keinen kausalen Einfluß auf die physischen Prozesse ausüben können.

Aber einem dualistischen Ansatz stehen große Schwierigkeiten entgegen; denn der Epiphänomenalismus konnte sich als Konsequenz der These der mechanistischen Physik etablieren: nur Materielles kann mit Materiellem in kausale Wechselwirkung treten. Die Konzeption einer kausalen Erklärung scheint mit einem Dualismus, wie ihn Popper und Eccles vertreten, unvereinbar zu sein. Einen physikalischen Vorgang kausal erklären heißt, ihn aus Randbedingungen und Naturgesetzen logisch herleiten. Wer anderes zuläßt, liefert keine physikalische Erklärung, sondern verweist auf ein Mysterium. Wie soll sich ein Einfluß „von außen" auf Prozesse der physikalischen Welt denken lassen, ohne Grundgesetze der Physik zu verletzen? Muß nicht gemäß allgemeinen Prinzipien der Naturforschung gesagt werden, daß jeder physikalische Effekt stets physikalische und nur physikalische Ursachen haben müsse?

Diese Überlegung steht hinter den monistischen und epiphänomenalistischen Ansätzen. Wer die Geschlossenheit der Natur unter physikalischen Gesetzen annimmt, kann nur entweder die psychischen Vorgänge mit den materiellen identifizieren oder als ein wirkungsloses Begleitphänomen ansehen.

Für den Interaktionismus ergeben sich hier zwei Grundprobleme: (1) Ist der Interventionismus vereinbar mit den Grundgesetzen der Physik? (2) Wie soll man sich die Einflußnahme des Geistes auf den Körper, das Gehirn eigentlich denken?

(1) Die erste Bedingung, die erfüllt sein muß, damit Interaktionismus überhaupt möglich ist, ist die Preisgabe des Determinismus. Leibniz und andere haben gesehen, daß Determinismus und Interaktionismus unverträglich sind, und haben, da sie den Determinismus in der Physik akzeptierten, deshalb einen reinen *Parallelismus* von materiellen und geistigen Prozessen angenommen, ohne daß es Wechselwirkungen zwischen ihnen geben kann. Gott hat von Anbeginn die beiden Prozeßtypen miteinander synchronisiert, die Entsprechung von physischem und psychischem Vorgang verdankt sich einer „prästabilisierten Harmonie". Popper hält am Interaktionismus fest und gibt den Determinismus preis. Der Indeterminismus ist ein Grundpfeiler seiner Auffassung von der Physik. Durch den Indeterminismus sieht er die Möglichkeit der Abwärtskausalität in der Physik eröffnet. Am Beispiel der statistischen Thermodynamik erläutert Popper seine Idee.

Betrachtet man etwa die Bewegung einzelner Moleküle eines Gases in Abhängigkeit von der Temperatur, die durch die mittlere kinetische Energie der Moleküle gemessen wird: Auch wenn die Temperatur sinkt, d.h. die mittlere kinetische Energie der Moleküle abnimmt, so ist es ohne Widerspruch möglich, daß sich einzelne Moleküle schneller bewegen als zuvor, individuell eine größere kinetische Energie besitzen als zuvor, wenn nur in einem anderen Bereich des Gases die Moleküle entsprechend langsamer sind. Es handelt sich beim Temperaturbegriff ja um einen statistischen Begriff, der nur über die Gesamtheit der Moleküle eine Aussage macht. Es ist aber völlig korrekt zu sagen, daß sich die Moleküle schneller bewegen, wenn die Temperatur steigt. *Es gibt also eine Wirkung von der übergeordneten, statistischen Ebene auf die darunter liegende Ebene der individuellen Bewegungszustände.* Popper hält das für einen brauchbaren Fall von Abwärtskausalität, der Aufschlußwert für das Verhältnis von Geist und Körper hat. „Die Einwirkung des

Bewußtseins auf das Gehirn könnte darin bestehen, bestimmte Schwankungen zuzugestehen, die Neuronen zum Feuern bringen, während andere bloß zu einem geringen Temperaturanstieg des Gehirns führen." (I&G 638)

Popper muß aber mehr als ein Analogon einer Abwärtskausalität aufzeigen. Er muß die These der Geschlossenheit der Welt-1 unter physikalischen Gesetzen aufgeben. Dem scheinen genau die beiden Erhaltungssätze der Thermodynamik entgegenzustehen. Der zweite Hauptsatz der Thermodynamik, der die Unmöglichkeit eines perpetuum mobile der zweiten Art behauptet, d.h. der verneint, daß es eine Maschine geben könnte, die Arbeit leistet und dabei nur ihre Umgebung abkühlt, erzeugt für Popper, wie er meint, keine Probleme – man müsse nur annehmen, daß durch die Denkakte das Gehirn ermüde und daß die Ermüdung „irgendwie der Wärmeproduktion und somit einem Energieabbau äquivalent sei" (ebda).

Schwieriger schätzt Popper die Situation mit dem ersten Hauptsatz ein: dem Energieerhaltungssatz. Hier wäre im Sinne des Interaktionismus viel gewonnen, wenn er nur statistisch gelten würde. Dann könnten leichte Fluktuationen der Energie die Einfußmomente des Bewußtseins auf physikalische Prozesse sein. Das Bewußtsein müßte sozusagen die richtigen Fluktuationen abwarten, um sich Wirksamkeit zu verschaffen. Aber Popper findet ein anderes, ganz einfaches Argument attraktiver: Die Welt der Physik war im Rahmen des mechanistischen Denkens unter der Gravitationskraft geschlossen. Aber die Entdekkung der elektromagnetischen Kraft und der Kernkräfte zwangen jeweils zu Erweiterungen. Popper nimmt diese Schritte als paradigmatisch und sagt: warum betrachten wir nicht überhaupt die Welt-1 als offen, als offen für etwas, das wir noch nicht angemessen erfassen können und wofür hier Welt-2 steht (I&G 639). Im übrigen könnte es sein, daß es minimale Verletzungen des Energieerhaltungssatzes gibt, die wir aber nicht bemerken, weil sie unterhalb unserer Meßgenauigkeit liegen (I&G 663f.). Auf der Grundlage des Indeterminismus meint also Popper den Interaktionismus vertreten zu können, ohne einen Widerspruch zu den Grundgesetzen der Physik hinnehmen zu müssen. Popper fühlt sich da sogar ziemlich sicher und stellt am 30. Sept. 1974, 16 Uhr, im abschließenden Dialog XII fest: „Im Zusammenhang mit den offenen Moduln und der Offenheit von Welt-1 für Einflüsse von Welt-2 möchte ich nur noch einmal sagen, daß ich eigentlich nicht im mindesten von der Gefahr beeindruckt bin, mit dem Ersten Gesetz der Thermodynamik sozusagen zusammenzustoßen". Die These von der Offenheit von Welt-1 wäre also verträglich mit dem Stand der Physik. – Allerdings heben damit die Schwierigkeiten erst an; denn der Indeterminismus ist zwar eine notwendige, aber keineswegs hinreichende Bedingung des Interaktionismus. Denn der Indeterminismus der Quantenmechanik führt zu statistischen Erklärungen, zu Zufallsereignissen; jedoch ist mit den Wirkungen von Welt-2 auf Welt-1 ja gerade eine ganz gezielte Einflußnahme gemeint. Diese Einwirkung muß unser Selbstverständnis, daß einer willentlichen Entscheidung eindeutig eine körperliche Reaktion entspricht, bewahren, was bei Zufallsereignissen sicher nicht der Fall ist.

(2) Für die Frage, wie man sich die Einwirkungen des Bewußtseins auf das Gehirn genauer vorzustellen habe, ist Eccles zuständig, der seine Theorie der Hirn-Moduln im Kap. 7 seiner Abhandlung darstellt, wobei er explizit Poppers 3-Welten-Lehre zugrundelegt (I&G 428). Die Neurophysiologen lokalisieren bestimmte Fähigkeiten in ganz bestimmten Zonen der Großhirnrinde, so das Sprach- und Abstraktionszentrum in der linken Hirnhälfte.[19] Dort gibt es nach Eccles bestimmte „Liaison-Zentren", Eccles spricht auch vom „Liaison-Gehirn". In diesen Zonen sucht der selbstbewußte Geist gleichsam nach Erfahrungsmöglichkeiten, indem er offene oder teilweise offene Moduln ausspäht für seine Operationen – im Zustand des Tiefschlafs oder der Bewußtlosigkeit sind alle Moduln geschlossen, so daß das Ich warten muß, bis sie sich wieder öffnen.[20]

Aber der frei nach offenen Moduln suchende Geist ist nur eine Seite der Geschichte, denn die Neurologen, insbesondere die klinischen Psychopathologen, haben ebenso gezeigt, in wie hohem Maße das Ich eingebunden ist in sein Hirn, wie sehr

Verletzungen bestimmter Zonen des Cerebrums das Selbstbewußtsein zerstören können.

Die Schwierigkeiten des Dualismus scheinen nicht geringer für Popper und Eccles als sie es für Descartes waren, trotz Indeterminismus und trotz Unabgeschlossenheit von Welt-1; denn wie soll man sich überhaupt eine Wechselwirkung zwischen dem unausgedehnten, körperlosen Geist und der Materie denken? Je mehr Popper diese Beziehung als eine *kausale* Beziehung denkt, desto enger rückt er auch an einen Monismus heran. Und wie sollen wir etwas über die Zustände des Geistes erfahren können? In intersubjektiver Erfahrung sind immer nur die neuronalen Zustände des Hirns zugänglich. Was wir Geist oder Selbstbewußtsein nennen, ist immer nur dem je einzelnen Subjekt, und auch ihm nicht einmal vollständig, zugänglich. Wie soll eine solche Entität dann wissenschaftlich untersucht werden können? Gibt es überhaupt empirische Überprüfungsmöglichkeiten der Position des Interaktionismus?[21]

Popper ist sich darüber im klaren, in wie hohem Maße er spekuliert, wie stark er metaphysische Hypothesen bildet. Aber da wir in diesem Feld überhaupt so wenig wissen, kann es wie so oft auch hier der Fall sein, daß metaphysische Ideen der empirischen Forschung den Weg zeigen.

Wenn man Poppers These, daß das Verhältnis von Welt-1 und Welt-2 in starker Abhängigkeit von Welt-3 steht, ernst nimmt, dann ist eigentlich nicht mehr recht zu sehen, wie das auf das Leib-Seele-Problem anwendbar ist. Denn es ist nicht irgendein *Wissen,* das uns gestattet, unsere Gliedmaßen zu bewegen, wie wir es wollen, sondern ein eingeübtes *Können.* Wir haben gelernt, aufrecht zu gehen, gezielt unsere Hände zu gebrauchen, ohne daß bewußte Steuerungen unseres Ichs im Spiel waren. Die willentliche Betätigung unserer Gliedmaßen stützt jedenfalls keine dualistische, durch Welt-3-Objekte vermittelte, Auffassung. Was jedoch unter dieser Auffassung sehr plausibel wird, das sind die erkennende und handelnde Beziehung des Menschen zu seiner Umwelt. Denkt man die Beziehung von Welt-1 und Welt-2 als ein *Erkenntnisverhältnis,* dann ist sofort die Vermittlerrolle der Welt-3-Objekte zu sehen; denn ohne

Abb. 4: Karl Popper mit Gerard Radnitzky

Sprache, ohne Logik gibt es hier nichts zu rekonstruieren. Denkt man die Beziehung von Welt-1 und Welt-2 als ein Verhältnis der *Kultivierung der Natur*, d.h. gezielter und planvoller Veränderungen in der Umwelt, dann ist ebenso klar, daß hier Welt-3-Objekte eine Vermittlerrolle spielen; denn ohne Ideen, Theorien, Entwürfe wird sich keine Veränderung als eine Gestaltung verstehen lassen. Diese beiden Beziehungen sind durch Poppers 3-Welten-Lehre zu beschreiben. Allerdings ist dann nicht mehr zu sehen, in welchem Sinn man das traditionelle Leib-Seele-Problem als eine Spezialisierung dieser beiden Beziehungen auffassen könnte.

V. Zur Wirkungsgeschichte von Poppers Ideen

Poppers Wirkung läßt sich am ehesten der zweibändigen Würdigung entnehmen, die er im Rahmen der „Library of Living Philosophers", herausgegeben von P.A. Schilpp, erhalten hat. „The Philosophy of Karl Popper" (1974) enthält auf über 1300 Seiten 33 Beiträge prominenter Fachvertreter zu den verschiedenen Themenbereichen der Philosophie Poppers mit seinen Erwiderungen und einer vorangestellten intellektuellen Autobiographie.[1]

Poppers Vorstellungen von der wissenschaftlichen Methode, sein erweiterter kritischer Rationalismus, seine Vorstellungen über Freiheit, Autonomie und Demokratie, seine späteren Ideen zur evolutionären Erkenntnistheorie und zu einer Ontologie des objektiven Geistes haben weite Verbreitung und Beachtung gefunden. Die erste Auflage der *Logik der Forschung* fand im engeren wissenschaftstheoretischen Lager der logischen Empiristen eine intensive Rezeption und Auseinandersetzung, die allerdings auch Mißverständnisse über Poppers Stellung zum Positivismus erzeugte, die sich lange halten sollten. Aber bereits die Übersetzung ins Englische (1958) traf auf ein Interesse, das weit über die Fachgrenzen hinausging. Dieses allgemeine Interesse an Poppers Methodologie war vorbereitet durch die sozialphilosophischen Schriften, die vor allem in England eine starke Beachtung fanden, und in denen der Bezug auf die Methodologie ständig präsent war.

Im deutschsprachigen Raum – Wien machte keine Ausnahme – war durch die Emigration Poppers nach Neuseeland und die spätere Übersiedlung nach England zunächst die Wirkung unterbrochen. Sie setzte erst Mitte der fünfziger Jahre, vor allem durch die Vermittlungsarbeit von Hans Albert, ein und erreichte im Anschluß an den sog. Positivismusstreit in der deutschen Soziologie ihren Zenit. Während in diesem Zusammenhang radikale Polemik – auch aus politischem Parteigängertum – zu beobachten war, ja zu dominieren schien, sind in diesem Umfeld doch eine Reihe seriöser Abhandlungen und Auseinandersetzungen erschienen, die die Grundlage der nachfolgenden sachlichen Aufarbeitung bildeten.

Ich werde Poppers Wirkungsgeschichte in vier Punkte gliedern:

(1) *Popper als Lehrer:* Poppers Arbeit an der London School of Economics and Political Science (LSE) war Anziehungspunkt für eine interessierte Schülerschaft, aus der bedeutende Beiträge zur Philosophie und Wissenschaftstheorie hervorgingen. Die (ersten) Arbeiten von J. Agassi, W. W. Bartley, I. C. Jarvie, I. Lakatos, J. W. N. Watkins, um nur die bekanntesten zu nennen, entstanden an der LSE zwischen 1962 und 1965. Poppers Ansätze wurden hier weiterentwickelt in unterschiedlichen Richtungen: Metaphysik und Historiographie der Wissenschaften (Agassi), Rationalitätstheorie (Bartley), Gesellschaftstheorie (Jarvie), Philosophie der Mathematik (Lakatos), Politische Ideengeschichte (Watkins). P. Feyerabend gehörte ebenfalls in dieser Zeit zu den kritischen Rationalisten der LSE. Die Auseinandersetzungen zwischen Lakatos und Feyerabend führten schließlich zur Weiterentwicklung zweier verschiedener Stränge in der Methodologie: Bei Feyerabend über einen proliferativen Pluralismus zum Programm einer „anarchistischen Erkenntnistheorie", in der jeder Regelzwang durch eine Methodologie für die empirische Forschung abgelehnt wird. Bei Lakatos über eine Trennung verschiedener Varianten von Falsifikationismus zu einer strukturellen Verbindung von Wissenschaftstheorie und -geschichte, resultierend in seiner „Methodologie wissenschaftlicher Forschungsprogramme". Beide Varianten, die vor allem in ihren Auseinandersetzungen mit T. S. Kuhns Buch „Die Struktur wissenschaftlicher Revolutionen" viel diskutiert wurden, lassen sich als genuine Weiterentwicklungen von Ideen Poppers verstehen,[2] auch wenn Popper selbst sich vehement dagegen sperrt und in seiner Erwiderung auf Lakatos sich verpflichtet fühlt, den Leser vor seinen Beiträgen zu

warnen, weil sie ein Mißverständnis seiner Wissenschaftstheorie seien (RC 999).

(2) *Philosophische Kontroversen:* Poppers kritischer Rationalismus hat eine Reihe wichtiger Kontroversen ausgelöst, die seine Wirkung dokumentieren.

Poppers Kritik des Induktivismus führte zu einer langen Auseinandersetzung mit Carnap und Carnapianern über die Frage, wie man die Annehmbarkeit (acceptability) von wissenschaftlichen Hypothesen beurteilen könne. Popper spielte seine deduktive Theorie der Bewährung (corroboration) gegen Carnaps Theorie der induktiven Bestätigung (confirmation) aus. Während Popper in einer Reihe von Arbeiten nachzuweisen suchte, daß Carnaps Ansatz intuitiv unplausibel und in sich widersprüchlich sei, haben die Entgegnungen Carnaps eher für eine Vereinbarkeit der beiden Ansätze plädiert, welche Auffassung inzwischen weitgehend geteilt wird.[3]

Es war schon von dem Positivismusstreit in der deutschen Soziologie die Rede (s. III. 4), der seinen Ausgang auf der Arbeitstagung der Deutschen Gesellschaft für Soziologie (1961) genommen hatte, der aber kaum eine internationale Wirkung verzeichnete.[4]

Von breiter Wirkung begleitet war die Kontroverse zwischen den Popperianern und T.S. Kuhn, die auf einem Kolloquium (1965) in London ihren Ausgang nahm.[5] Hier stand die Frage der Rationalität der Wissenschaft zur Debatte, ausgelöst durch die starke sozial-psychologische Bestimmung der „Normalwissenschaft" bei Kuhn. Kuhn seinerseits betont, in wie großer Nähe zu Popper er seine eigene Position sieht (Theoriendynamik, nicht-kumulativer Erkenntnisfortschritt durch revolutionäre Episoden, Theoriebeladenheit der Beobachtung, gemeinsame Opposition gegen den Positivismus). Auch wenn die Umstände ihm nicht erlauben, „seine intellektuelle Schuld gegenüber Sir Karl zu spezifizieren, so muß es sie doch geben".[6] Grundlegende Bedeutung erhielt diese Kontroverse vor allem dadurch, daß in ihrem Gefolge verschiedene konstruktive Ideen aus der Verbindung von Wissenschaftstheorie und Wissenschaftsgeschichte fortgeführt wurden und so ein dynamischer

Begriff von Wissenschaft promoviert wurde.[7] Es hat eine Reihe von Nachfolge-Konferenzen gegeben, deren Beiträge das fortdauernde Interesse an diesem Themenbereich belegen.[8]

Ein weiterer großer Impuls ist von Poppers Adoption der Evolutionstheorie ausgegangen. Vor allem in der evolutionären Erkenntnistheorie, die in den letzten Jahren eine Hochkonjunktur zu verzeichnen hat, sind zentrale Ideen Poppers präsent. Allerdings werden bestehende Differenzen zwischen dem biologischen Ansatz im engeren Sinn, wie z.B. von Konrad Lorenz, und dem von Popper häufig übersehen. Im „Altenberger Gespräch" zwischen Popper und Lorenz steht die Betonung der Gemeinsamkeiten im Vordergrund.[9] Mit kaum jemand jedoch hat sich Popper je so in Übereinstimmung befunden wie mit den Beiträgen von D.T. Campbell zur evolutionären Erkenntnistheorie: „eine fast vollkommene Übereinstimmung, sogar bis hinab in kleinste Details" (RC 1059).

(3) *Poppers Wirkung in einzelnen Wissenschaften:* Eine Reihe bedeutender Einzelwissenschaftler haben in Poppers Falsifikationismus eine Wissenschaftsphilosophie gesehen, die für ihre Forschung im innerfachlichen Sinn von Bedeutung war. Bei J. Eccles ist das vielleicht am eindrucksvollsten zum Ausdruck gebracht, und in dem gemeinsam verfaßten Buch hat es Früchte vorzuweisen. Auch so bedeutende Biologen wie J. Monod und P.B. Medawar und der Astrophysiker H. Bondi haben ihren wissenschaftlichen Erfolg mit Bekenntnissen zur Popperianischen Methodologie verbunden. Aber das bewegt sich auf einer sehr allgemeinen Ebene von Nobelpreisreden, und in der konkreten Arbeit ist es schwer zu sehen, was als Einfluß gelten kann. Dennoch mag Bartleys Einschätzung, daß die Physiker die Arbeit von Popper größtenteils ignoriert hätten, zu hart sein. Deutlichere inhaltliche Spuren sind in der Soziologie und Nationalökonomie zu finden, in Deutschland vor allem durch H. Albert, R. Dahrendorf, D. Aldrup, K.D. Opp, G. Fleischmann; in der Psychologie durch Th. Herrmann, H. Westmeyer.

Eine besondere Nähe zu Popper zeigen die Arbeiten des Kunsthistorikers E. Gombrich. Neben vielen sprechenden Hinweisen in den Schriften von Gombrich ist das Interview „What

I Learned from Karl Popper"[10] besonders instruktiv. Hier greifen die Gemeinsamkeiten weit in die Geschichtsphilosophie und Ontologie hinein.

(4) *Rezeption in der Politik:* Poppers Sozial- und Gesellschaftsphilosophie, insbesondere die Vorstellung von der permanenten Reform in kontrollierbaren Schritten, zielen auf eine direkte politische Praxis. Es hat dennoch lange gedauert, bis sich die politischen Parteien explizit der Popperschen Ideen annahmen. Dafür in letzter Zeit umso intensiver, und zwar nicht nur unter dem sozialdemokratischen Bundeskanzler Helmut Schmidt innerhalb der SPD,[11] sondern auch in den konservativen Parteien CDU und FDP. Daß Popper häufiger in politischen Reden zitiert wird, heißt leider noch lange nicht, daß es zu einer Wirksamkeit kommt, die seinen Ideen entspricht.[12]

Poppers „Vermächtnis" kann nicht in einem System, nicht in einem Kanon fertiger Erkenntnisse bestehen. Es liegt im nicht endenden Prozeß des Hinterfragens. Kritik ist eine Aktivität, die den verantwortlichen Bürger braucht, jemand der bereit ist, gegen herrschende Ansichten anzugehen und gegen die eigenen, liebsten Überzeugungen eine skeptische Haltung einzunehmen.

Anhang

1. Anmerkungen

I. Biographischer und zeitgeschichtlicher Hintergrund

1 Das führte zu Mißverständnissen, da Popper nach wie vor in seinen Veröffentlichungen auf das „Postscript" verwies. Außerdem waren die Vorarbeiten bzw. Druckfahnen auch manchen Mitarbeitern zugänglich, so daß die dort entwickelten Ideen eine gewisse Wirkungsgeschichte noch vor ihrer Publikation hatten. – Das „Postscript" erschien erst 1983 (hrsg. von W. W. Bartley in drei Bänden).

2 I. Kant: „Beantwortung der Frage: Was ist Aufklärung?", in: WW (Pr.Ak.) Bd. 8, S. 35.

3 Vgl. „Selbstbefreiung durch das Wissen", in: AdS, S. 149–163.

4 H. Diels: *Die Fragmente der Vorsokratiker,* Berlin 1922 (4. Auf.) u. ö., Fr. B 18, B 34.

5 „Toward a Rational Theory of Tradition", in C&R 120–135.

6 Nach Sextus Empiricus, *Grundlinien der pyrrhonischen Skepsis,* I. 7, wird die skeptische Schule a. die zetetische (= suchende, forschende) genannt.

7 In dieser Reihe sollte Pascal nicht fehlen (vgl. mein „Pascal und Descartes als methodologische Antipoden", in: *Philosophisches Jahrbuch* 81 [1974], 314–40), und noch weniger G. Chr. Lichtenberg (vgl. mein „‚Könnte auch dieses nicht falsch sein?': Skepsis, Aufklärung und Wissenschaftstheorie bei Georg Christoph Lichtenberg", in: J. Zimmermann (ed.), Lichtenberg [im Erscheinen]).

II. Methodologie der empirischen Wissenschaft und das Abgrenzungsproblem

1 „Anerkannt wird auch Wittgensteins Einschätzung des *Abgrenzungsproblems* als grundlegendes Problem der Erkenntnistheorie." (GE 324)

2 Ein orthodoxer Kantianer möchte wohl vorwerfen, daß man die transzendentale Methode nicht als ein Analogon zur empirischen Methode auffassen dürfe, weil damit der strenge Sinn des Apriori preisgegeben sei. Popper allerdings könnte damit kontern, daß es bei Kant selbst Stellen gebe, in denen er von der „Kritik" als einem Experiment spreche und von der transzendentalen Methode als einer Nachahmung des Verfahrens der Chemiker und allgemein der Naturforscher.

3 Popper übernimmt einfach das Hume-Verständnis, das auf Kant zurückgeht – wie übrigens die logischen Empiristen auch.

4 H. Vaihinger: *Die Philosophie des Als Ob*, Leipzig 1911, Paragr. 15.

5 A.a.O. Kap. XX.

6 C.G. Hempel: *Aspekte wissenschaftlicher Erklärung*, Berlin/New York 1977.

7 Tatsächlich liegen die Verhältnisse komplizierter. Es muß eine Reihe methodologischer Entscheidungen getroffen werden, damit es zu diesem Schritt kommen kann. Vgl. LdF 22f.

8 Obwohl induktive Methodologien der empirischen Wissenschaft in der Neuzeit überwiegen, gibt es doch Beispiele, in denen vom *modus tollens* ein methodologischer Gebrauch gemacht wird. Vgl. mein: „Descartes und Pascal als methodologische Antipoden", a.a.O.

9 Poppers Position hat sich weiterentwickelt: Während zunächst die Falsifikation wie ein Selbstzweck erscheint, wird sie später als Bedingung der Entdeckung des Neuen gesehen und schließlich der Akzent auf die Bewährung neuartiger Prognosen gelegt.

10 Hans Albert: *Traktat über kritische Vernunft*, Tübingen 1969, S. 52.

11 Anwendungsschwierigkeiten der Kriterien zeigt E. Ströker: „Über Poppers Kriterien des Wissenschaftsfortschritts", in: *Erkenntnis 27* (1987 S. 93–112.

12 Vgl. H. Spinner: *Pluralismus als Erkenntnismodell*, Frankfurt/M. 1974.

13 Die Erkenntnisse der Gestaltpsychologie sind in erkenntnistheoretischen Arbeiten dieser Zeit häufig zu finden, z.B. Wittgenstein, Fleck, Popper. Von dort übernimmt sie die nächste Generation: Hanson, Feyerabend, Kuhn.

14 Vgl. H. Albert: *Traktat über kritische Vernunft*, a.a.O., S. 47 u. 54.

15 Die Revidierbarkeit der Basissätze ist häufig mißverstanden worden. Ihre Konventionalität besagt nicht, daß man im Nachhinein „entscheiden" könne, der Zeiger eines abgelesenen Meßinstruments habe doch nicht auf die, sagen wir, Ziffer Zwei gezeigt. Die Revidierbarkeit besagt vielmehr, daß wir nachträglich neues Wissen gewinnen können, das uns erkennen läßt, daß unsere Messung in irgendeinem Sinn gestört, unzuverläßig, insignifikant etc. war und dadurch den Basissatz in Frage stellt.

16 Popper gesteht zu, daß seine Position einen Konventionalismus hinsichtlich der Basis enthält, der aber harmlos sei. Tatsächlich kann man leicht sehen, daß seine Methodologie von vielen Typen von Konvention durchsetzt ist, daß der Falsifikationismus eine Variante des Konventionalismus darstellt. I. Lakatos hat das gesehen, und ich habe Popper als Konventionalisten interpretiert in meinem: *Erfahrung und Konvention*, Stuttgart 1974, Kap. 3. Vgl. auch E. Ströker: „Konventionalistische Argumente in Poppers Wissenschaftsphilosophie", in: *Erkenntnis 21* (1984) S. 385–403.

17 Popper verweist in diesem Zusammenhang gern auf die psychoanalytische Theorie, die in der Konfrontation mit Gegenevidenz doch stets das Phänomen so umzuinterpretieren wisse, daß daraus eine Bestätigung für die Theorie resultiere. Das jedoch ist gemäß dem Popperschen Kanon der wissenschaftlichen Regeln eine Schwäche. Omnipotenz einer Theorie ist Zeichen ihres metaphysischen oder pseudowissenschaftlichen Charakters. Die Hegel zugesprochene Äußerung, mit der er auf einen Widerspruch zwischen seinen Deduktionen und den Realverhältnissen reagiert haben soll, „um so schlimmer für die Wirklichkeit", wäre Muster einer unwissenschaftlichen Einstellung.

18 Da singuläre Es-gibt-Sätze nicht falsifizierbar sind, muß Popper sie „metaphysisch" nennen. Allerdings gilt das nur für isolierte Existenzsätze. In Verbindung mit Hypothesen sind sie falsifizierbar und damit empirisch-wissenschaftlich.

19 Für das Folgende vgl. mein: *Erfahrung und Konvention,* Stuttgart 1974, S. 81–99.

20 Vgl. J. Agassi: „The Nature of Scientific Problems and their Roots in Metaphysics", in: M. Bunge (ed.): *The Critical Approach to Science and Philosophy,* Glencoe/London 1964, S. 189–211.

21 P.K. Feyerabend: „How to be a Good Empiricist", dtsch. in: L. Krüger (Hg.): *Erkenntnisprobleme der Naturwissenschaften,* Köln/Berlin 1970, S. 302–335.

22 Auf die institutionelle Seite der freien Kritisierbarkeit werden wir im Kapitel IV zu sprechen kommen. Hier geht es um die Auffassung von Metaphysik qua Kritik.

23 W.W. Bartley: „Theories of Demarcation between Science and Metaphysics" in: Lakataos & Musgrave (eds.): *Problems in the Philosophy of Science,* Amsterdam 1968, S. 64.

24 Damit hebt Popper ein Moment hervor, das bei P. Feyerabend im „principle of tenacity" und bei T. Kuhn in der „Normalwissenschaft" eingefangen war.

25 Lakatos spricht daher auch nicht mehr von „metaphysischen Forschungsprogrammen" wie Popper, sondern von „wissenschaftlichen Forschungsprogrammen", die metaphysische Elemente enthalten: vgl. Lakatos: „Die Methodologie wissenschaftlicher Forschungsprogramme", in: Lakatos & Musgrave (Hg.): *Kritik und Erkenntnisfortschritt,* Braunschweig 1974.

26 „The Aim of Science" in: *Ratio* 1957, S. 24–35; dtsch: „Die Zielsetzung der Erfahrungswissenschaft" in: H. Albert (Hg.): *Theorie und Realität,* Tübingen 1964, S. 73–86 und in OE, die Abh.V.

27 A. Tarski: „Der Wahrheitsbegriff in den formalisierten Sprachen", in: *Studia Philosophica,* Bd. 1, 1935, S. 261 ff. – Poppers Arbeiten zum Wahrheitsproblem sind in C&R die Abh. 10 und ein Addendum und in OE die Abh. IX mit Addendum.

28 Der erste Teil des Zitats steht in OE 356, der zweite in C&R 223. Ich habe Hervorhebungen und eine Klammer getilgt.

29 Popper war methodologischer Reduktionist; denn er suchte metaphysische Prinzipien auf Methodenregeln zu reduzieren. Dem Kausalprinzip z.B. entspricht die Regel, alle Vorgänge als kausal erklärbar anzusehen (LdF 33).

30 Diese Verschiebung in der Orientierung wird sehr gut in den Titeln der beiden Festschriften für Popper zum Ausdruck gebracht: Die zu seinem 60. Geburtstag trug den Titel: The Critical Approach to Science and Philosophy; die zum 80. den Titel: In Pursuit of Truth.

31 In Bd. 25 des *British Journal for the Philosophy of Science* (1974) sind Arbeiten von P. Tichy, J. Harris, D. Miller zu finden, in denen Poppers Vorschläge zum Theorienvergleich mittels Graden der Wahrheitsähnlichkeit grundlegend kritisiert werden. – H. Keuth: *Realität und Wahrheit*, Tübingen 1978, hat diese Kritik verallgemeinert und Poppers Inanspruchnahme des Wahrheitsbegriffs zur Stützung des metaphysischen Realismus als inkonsistent zurückgewiesen.

32 Die Literatur zu diesem Komplex ist groß und komplex. Für eine knappe Darstellung vgl. R. Ackermann, a.a.O., S. 90ff.; für eine ausführliche Destruktion der Popperschen Vorschläge vgl. Keuth, a.a.O.

33 Das meint R. Ackermann, a.a.O., S. 91f. Zu Poppers Darwinismus vgl. unten Kap. IV. 1.

34 Poppers Aussagen zu dieser Verschiebung der Gewichte sind in der Tat verwirrend. So können wir lesen: „an dem falsifizierenden Experiment haben wir höchstes Interesse, wir buchen es als Erfolg, denn es eröffnet uns Aussichten in eine neue Welt von Erfahrungen; und wir begrüßen es, wenn diese uns neue Argumente gegen die neuen Theorien liefert." (LdF 49) Und: „Diese Enttäuschung von Erwartungen, mit denen wir an die Wirklichkeit herantreten, ist ein sehr bedeutsames Moment. Sie gleicht der Erfahrung eines Blinden, der gegen ein Hindernis läuft und dadurch von dessen Existenz erfährt. *Durch die Falsifikation unserer Aussagen bekommen wir tatsächlich Kontakt mit der ‚Wirklichkeit'*. Die Widerlegung unserer Irrtümer ist die ‚positive' Erfahrung, die wir aus der Wirklichkeit gewinnen." (OE 389) Hier zeichnet Popper nicht das Kriterium der Falsifizierbarkeit vor der Verifizierbarkeit aus, sondern betont die Wichtigkeit von Falsifikationen, ja er bindet seinen Realismus daran. – In der angeführten Partie aus C&R ist Popper bereit, die *de facto* Verifikationen positiver zu sehen, bestätigt damit die alte Privilegierung der Falsifikation. Aber in der neuen Einleitung zu GE aus dem Jahre 1978 können wir mit Erstaunen lesen: „Im Zusammenhang mit dem Ausdruck ‚Falsifikationismus' (den ich jetzt zu vermeiden geneigt bin) möchte ich noch bemerken, daß ich nie gesagt habe, daß die Falsifikation wichtig ist, und wichtiger als die Verifikation." Aber schon im nächsten Absatz ist er wieder bei den alten Wertungen: „Verifikationen sind billig: sie sind zu leicht zu haben, wenn man nach ihnen sucht."

35 Dafür müßte Popper über ein synthetisches Prinzip verfügen, das die analytischen Kriterien der Methodologie mit realen Verhältnissen ver-

knüpfen könnte, z.B. ein Induktionsprinzip. Lakatos hat deshalb versucht, Popper zur Annahme eines (falliblen) Induktionsprinzips zu bewegen. Vgl. seinen Beitrag im Schilpp-Band für Popper, dessen deutsche Übersetzung erschien in: H. Lenk (Hg.): *Neue Aspekte der Wissenschaftstheorie*, Braunschweig 1971, S. 75–110.

36 Vgl. die neue Anm. zur LdF, S. 198f.

37 Diese Arbeiten sind in einem „Neuen Anhang" LdF beigefügt.

38 R. Ackermann gibt eine Würdigung der Beiträge Poppers in seinem Buch über Popper, Kap. 4.

39 Vgl. „The Propensity Interpretation of Probability and the Quantum Theory", in: S. Körner (ed.): *Observation and Interpretation*, 1957, S. 65–70; „The Propensity Interpretation of Probability", in: *British Journal for the Philosophy of Science*, Vol. 10 (1959), S. 25–42; sowie die entspr. Abschnitte im *Postscript*, Vol. 1, Part. II, S. 281–401.

40 Vgl. dazu R. Ackermann: *The Philosophy of Karl Popper*, Amherst 1976, S. 82–6, und W. Glaser: „Statistische Entscheidungsprozeduren über Hypothesen in den Sozialwissenschaften", in: Albert & Stapf (Hg.): *Theorie und Erfahrung*, Stuttgart 1979, S. 117–138.

41 Für eine Diskussion des Zusammenhangs von Indeterminismus, Propensitäten-Interpretation und Quantenmechanik vgl. A. O'Hear: *Karl Popper*, London 1980, Kap. VII, S. 124–146.

42 So Bartley in seiner umfangreichen kritischen Studie zum Schilpp-Band, Teil II, in: *Philosophia 7 (1977)*, S. 676.

43 Vgl. R. Ackermann, a.a.O., S. 78.

III. Poppers Sozial- und Geschichtsphilosophie

1 Eine andere Frage betrifft die Einheitlichkeit des Popperschen Denkens, bzw. die Frage, ob bestimmte Prinzipien unabhängig voneinander sind oder nicht, worüber unterschiedliche Auffassungen vertreten werden. So hat z.B. J.W.N. Watkins zunächst die Unabhängigkeit von Falsifikationismus und Indeterminismus angenommen und später – über Poppers Evolutionismus – ihre Abhängigkeit voneinander behauptet. Vgl. sein: „The Unity of Popper's Thought" in: Schilpp (Hg.), [1974], Vol. I, S. 371–412. Das relativiert jedoch nicht den Dualismus, von dem hier die Rede ist.

2 „Historicism" ist die englische Übersetzung des deutschen Terms „Historismus", analog zu „Empirismus" – „Empiricism". Einige deutschsprachige Autoren lehnen den Ausdruck Historizismus deshalb ab und sprechen von Historismus (so z.B. R. Albrecht: *Sozialtechnologie und ganzheitliche Sozialphilosophie*, Bonn 1973, der den Term für „ungeeignet" hält). – Da wir jedoch mit dem Term „Historismus" primär die Geschichtsphilosophie des 19. Jahrhunderts verbinden, vor allem einen Relativismus von Normen und Werten, während Popper damit eine Position meint, die „irgendwie" von Heraklit bis heute wirksam ist,

ohne doch durch einen einzelnen Philosophen charakterisierbar zu sein, scheint es mir sinnvoll zu sein, den Ausdruck „Historizismus" beizubehalten – andernfalls käme es auch zu Ungereimtheiten beim Zitieren. Popper selbst will die von ihm „Historizismus" genannte Position nicht verwechselt sehen mit „Historismus (EdH 14), obwohl er an anderer Stelle sagt, daß es ihm unsinnig vorkomme zu überlegen, ob bestimmte Argumente *eigentümlich* oder wirklich dem Historizismus zugesprochen werden dürften oder nicht (EdH 3).

3 Tatsächlich ist die „Analyse" von stark kritischen Passagen durchsetzt, und erst recht ist die „Kritik" keine reine Kritik, enthält sie doch im wesentlichen die positive Darlegung der Popperschen Ideen, von denen aus die Kritik dann vorgetragen wird. Obwohl also die Gliederung dieser Schrift einer eindeutigen Schematik folgt, kann man nicht sagen, daß die Durchführung dem entspricht. Aber das ist auch Popper nicht entgangen, der diese Schrift für schlecht komponiert hält; um sie in Balance zu bringen, wurden einige Themen ausgelagert: so entstand der Plan der OG, die schließlich vor EdH publiziert wurde. Vgl. in Poppers Autobiographie Kap. 24. – I. C. Jarvie hat EdH einer genauen Strukturanalyse unterzogen; vgl. sein: „Popper on the Difference between the Natural and the Social Sciences", in: P. Levinson (Hg.): *In Pursuit of Truth*, 1982, S. 83–107.

4 Vieles in Poppers Sozialphilosophie ist Reflex der politischen Situation der dreißiger Jahre allgemein und des Hitler-Stalin-Paktes speziell – wahrgenommen aus der Perspektive des Wiener Emigranten. Hitlers Invasion in Österreich führt zum Entschluß der Niederschrift, die sich bis 1943 erstreckt. Der Kampf gegen den totalitären Staat ist nicht abstrakt, sondern hat konkrete Situationen vor Augen. EdH und OG sind akute Beiträge zu einem politischen Kampf. EdH ist gewidmet dem „Gedenken der zahllosen Männer und Frauen aller Glaubensbekenntnisse, Nationen und Rassen, die Opfer des faschistischen und kommunistischen Glaubens an die unerbittlichen Gesetze des historischen Schicksals wurden". Zugleich blickt Popper auf die Situation der Nachkriegszeit, will Orientierung für die Aufbauphase geben.

5 Dies ist verfolgt in W. Habermehl: *Historizismus und Kritischer Rationalismus*, Freiburg/München 1980. – Vgl. auch P. Urbach: „Good and Bad Arguments Against Historicism", in: G. Currie & A. Musgrave (Hg.): *Popper and the Human Sciences*, Dordrecht 1985, S. 133–146, der Poppers Angriff auf die Wissenschaftlichkeit des Historizismus zwar für richtig hält, aber die Argumente, die Popper gegen ihn produziert hat, für falsch.

6 Freilich ist dieser Reduktionsschritt nicht mit einem „Psychologismus" zu verwechseln, gegen den sich Popper mit Nachdruck wendet. Vgl. OG II Kap. 4.

7 Weiter geht Chalmers, der Popper vorschlägt, den „methodologischen Individualismus" aufzugeben. A. F. Chalmers: „Methodological Indivi-

dualism: An Incongruity in Popper's Philosophy", in: G. Currie & A. Musgrave (Hg.): *Popper and the Human Sciences,* a.a.O. S. 73–87.

8 Das ist die Position von H. Spinner: *Popper und die Politik. Rekonstruktion und Kritik der Sozial-, Polit- und Geschichtsphilosophie des kritischen Rationalismus,* Bd. I, Geschlossenheitsprobleme, Berlin/Bonn 1978.

9 Vgl. R.K. Ackermann, a.a.O., S. 171.

10 Vgl. H. Spinner: *Popper und die Politik,* a.a.O., S. 19–72.

11 Obwohl die Kritik an Plato entschieden ausführlicher und auch härter geraten ist als die an Aristoteles, ist es offenbar zunächst die Aristoteleskritik gewesen, die zur Ablehnung des Buches für die Publikation führte. Vgl. A 169f. – Auffallend ist für den Leser, daß bei aller Kritik an Plato doch eine größere Hochschätzung für ihn im Spiel bleibt, während Aristoteles der Rang des „großen Philosophen" abgesprochen wird. Dies ist sicher eher der Ausdruck des „Zaubers Platos" als der eines objektiven Urteils.

12 Das spiegelt das politische Bewußtsein der 40er und 50er Jahre und vornehmlich in den USA, wo die Schrift hatte zunächst erscheinen sollen. Mitte der 60er kehren sich die Gewichtungen zum Teil um, jedenfalls in Europa. Man nimmt nunmehr Popper vor allem die Marxkritik übel und übt Nachsicht mit seiner Kritik an den antiken Philosophen.

13 Vgl. J. Wild: *Plato's Modern Enemies and the Theory of Natural Law,* Chicago 1953, und R. Levinson: *In Defense of Plato,* Cambridge (Mass.) 1953. Eine Erwiderung Poppers (auf Levinson) findet sich als Addendum in den engl. Ausgaben der OG, die die deutschen Ausgaben – ich zit. nach der 6. (1980) – nicht enthalten. Vgl. auch die Sammlung von Aufsätzen von R. Bambrough: *Plato, Popper and Politics,* Cambridge 1967.

14 Popper vertritt mithin selbst ein Entwicklungsgesetz der Gesellschaften: nach ihm entwickelt sich die Menschheit von primitiven, tribalen Zuständen, die er mit „geschlossenen" Gesellschaften gleichsetzt, zu modernen Demokratien mit hohem Anteil an Wissenschaft und Technik, zur „offenen Gesellschaft". Allerdings haftet diesem universalen Trend nach Popper nicht der geringste Determinismus an. Die Angemessenheit von Poppers Rekonstruktionsschema kann jedoch füglich bestritten werden.

15 So wird häufig darauf hingewiesen, daß die Demokratie mit ihren plebiszitären Entscheidungen anfällig für irrationale Trends und öffentliche Verführung war. Die Verurteilung des Sokrates war schließlich in Konformität mit den demokratischen Prozeduren erfolgt – was Plato nur zur Verachtung der Demokratie führen konnte. Andererseits rechtfertigt Plato in den *Nomoi* gesetzliche Regelungen, die direkt zur Verurteilung des Sokrates führen würden (*Nomoi,* 907d–909d).

16 Viele Philosophiehistoriker übernehmen die negative Wertung der Sophistik als einer oberflächlichen, an eigenem materiellen Gewinn interessierten Gruppe von spitzfindigen Köpfen, denen letztlich „nichts heilig"

war. Indem Popper die Sophisten in eine breitere politisch-historische Perspektive rückt, hat er für die Forschung neue Fragestellungen eröffnet, die durch die Dominanz des platonischen Klischees verstellt waren.

17 Laut Popper gibt mit Aristoteles die Philosophie ihre großen Ambitionen auf die Macht auf und entwickelt sich zu einem reinen Lehrberuf. Die abgeschwächte Ambition zeigt sich nun darin, daß die Philosophie wichtiger Teil in der Erziehung zu einem „guten Leben" wird, was sich jedoch nur die Feudalherren leisten können. Nur sie haben Geld und Muße, um sich dem Studium der Philosophie widmen zu können. – Man sollte meinen, daß die Zurücknahme der platonischen Idee vom Philosophenherrscher eine positive Wertung durch Popper erhalten müßte. Jedoch spricht Popper – verglichen mit dem Respekt vor Platos Griff nach der Macht – recht abfällig von der „optimistischen Hofphilosophie" des Aristoteles, dem er keineswegs gerecht wird (Vgl. OG II 6–14).

18 Es ist häufig darauf hingewiesen worden, daß die These von der Ohnmacht der Politik nicht die ganze Wahrheit bei Marx ist, ein Punkt, der besonders bei W. A. Suchting, „Popper's Critique of Marx's Method", in: Currie & Musgrave (Hrsg.), *Popper and the Human Sciences,* 1985, 147–163, hervorgehoben ist. Aber auch Popper ist dies klar; er behandelt den Interventionismus, ja Aktionismus von Marx ausführlich, meint allerdings, daß er in Widerspruch zum historizistischen Konzept steht.

19 H. Albert hat diesen Gesichtspunkt der Kontrolle zentral thematisiert in seinem *Traktat über rationale Praxis,* Tübingen 1978.

20 Eine derartige Trennung ist auch angebracht zwischen der theoretischen Forderung Poppers, scharfe Kritik als den eigentlich rationalen Schritt anzusehen, und seiner persönlichen Praxis, die als eine Unfähigkeit beschrieben werden muß, angemessen auf Kritik zu reagieren. – Dieser Punkt ist von vielen wahrgenommen worden, aber am heftigsten beklagt von H. Spinner, in fast all seinen Schriften. Zugleich ist Spinner jedoch eine unglückliche Bestätigung derselben Attitüde, die er an Popper verurteilt. Indem er allen vorrechnen muß, wie unkritisch sie sich zu sich selbst verhalten und damit gegen die Normen des kritischen Rationalismus verstoßen – Sir Karl eingeschlossen –, steigert er sich in die Rolle eines Besserwissers, der Lob und Tadel verteilt ohne Ende. Allen will er ins Ohr zwicken wie ein alter Schulmeister; aber da sich niemand beeindruckt zeigt, ist er frustriert und fühlt sich „wie wenn man einem Ochsen ins Horn petzt": pity, pity.

21 Gegen den Mythos von der „vox populi" hat sich Popper streng verwahrt. Andererseits nimmt die „öffentliche Meinung" eine wichtige Stellung im Rahmen seines Demokratieverständnisses ein, denn in ihr sind die Traditionen verankert. Die Traditionen sind aber notwendig, um die Institutionen, die als Konzentrationen von Macht in der Gesellschaft immer eine Gefahr darstellen, gleichsam in Schach zu halten. Für sein Verständnis von Demokratie vgl. „Public Opinion and Liberal Principles", in: C&R, insb. S. 350–354, und in AdS S. 165–178.

22 Zu diesem Themenkomplex haben vor allem Agassi, Albert, Bartley und Watkins beigetragen. Für das folgende vgl. Bartley: „The Philosophy of Karl Popper, Part III. Rationality, Criticism, and Logic", in: *Philosophia,* Vol. 11 (1982), S. 121–221. Dort sind auch die früheren Arbeiten zu diesem Thema angeführt. Die wichtigsten finden sich in: Radnitzky & Bartley (Hg.): *Evolutionary Epistemology, Rationality, and Sociology of Knowledge,* La Salle, Illinois, 1987.

23 Was Popper hier mehr beiläufig ausführt und doch als konstitutiv für die Wissenschaft behauptet, bildet die Grundlage der Wissenschaftssoziologie. Vgl. L. Fleck: *Die Entstehung und Entwicklung einer wissenschaftlichen Tatsache,* Basel 1935 (Neuausgabe: Frankfurt/M. 1981).

24 Allerdings liegt darin, die Wissenschaftsgemeinschaft als Muster der offenen Gesellschaft zu sehen, auch eine Gefahr. Sowohl von der Größenordnung wie von den Rationalitätsstandards her führt das sicher zu Schwierigkeiten in Anwendung auf die Gesamtgesellschaft. Das hat vor allem R. Ackermann herausgestellt. Vgl. sein: *The Philosophy of Karl Popper,* a.a.O. Kap. 9.

25 Vgl. die Beiträge von J. Post und J. Watkins in: G. Radnitzky & W. Bartley (eds.): *Evolutionary Epistemology etc.,* a.a.O., S. 217–278.

26 R. Dahrendorf, in: Adorno, u.a.: *Der Positivismusstreit in der deutschen Soziologie,* Neuwied/Berlin 1969, S. 152.

27 Im Verlauf dieser Debatte traten die ursprünglichen Thesen Poppers völlig in den Hintergrund. Vgl. Poppers „Gegen die großen Worte", in: AdS S. 99–113.

28 *Positivismusstreit,* a.a.O., S. 126.

29 Vgl. H. Schnädelbach: „Über den Realismus", in: *Z.f.allg. Wissenschaftstheorie 3* (1972), S. 88–112.

30 Vgl. sein: „Popper and German Social Philosophy", in: Currie & Musgrave, a.a.O., S. 178f.

31 H. Spinner: *Popper und die Politik,* a.a.O., S. 84. Vgl. auch sein: *Ist der kritische Rationalismus am Ende?* Auf der Suche nach den verlorenen Maßstäben des Kritischen Rationalismus für eine offene Sozialphilosophie und kritische Sozialwissenschaft, Weinheim und Basel 1982.

IV. Objektives Wissen und evolutionäre Erkenntnistheorie

1 Noch in EdH (S. 83f.) hatte sich Popper skeptisch über die Evolutionstheorie geäußert, sie modisch gefunden, eine Form von „pronaturalistischem Glauben". Er behauptete dort, „daß die Evolutionshypothese als solche kein universales Naturgesetz ist, sondern lediglich ein singulärer historischer Satz über die Abstammung einer Anzahl irdischer Pflanzen und Tiere".

2 „Natural Selection and the Emergence of Mind", vorgetr. am Darwin College, Cambridge, 8. Nov. 1977; publiziert in *Dialectica,* 22, 1978, S. 339–355. Jetzt in: Bartley & Radnitzky [1987], a.a.O. S. 138–153.

3 D.T. Campbell hat diese Metapher vom Blinden präzisiert und als die angemessene epistemische Fassung des Darwinschen „random" genommen. Vgl. seinen Beitrag zum Schilpp-Band „Evolutionary Epistemology", a.a.O. S. 413–463. Außerdem ders.: „Blind Variation and Selective Retention in Creative Thought as in Other Knowledge Processes", in: *The Psychological Review* 67 (1960), S. 380–400. Beide nunmehr auch in: Radnitzky & Bartley, a.a.O.

4 A. O'Hear: *Karl Popper*, London 1980, S. 176–181, lehnt die Metapher vom Radar und dem Entziffern von Signalen ab, weil sie letztlich die Unterscheidung von Theorie und Beobachtung nur unklarer macht.

5 Vgl. sein: „Natural Selection and the Emergence of Mind", a.a.O., S. 150–153.

6 Die These von der natürlichen Selektion der bestangepaßten Hypothesen behauptet auch nicht, daß die in diesem Sinne ausgezeichnete Theorie einen optimalen Überlebenswert für die menschliche Art hätte, sie besagt nur, daß sie hinsichtlich der Problemsituation, von der ausgegangen wurde, sich leistungsfähiger als ihre Konkurrenten erwiesen hat.

7 In einem Nachtrag erklärt Popper, daß er nunmehr lieber von einem genetischen *Pluralismus* sprechen möchte, d.h. die Ziele, die Fähigkeiten und womöglich weitere Eigenschaften in jeweils separaten, von den Organanlagen verschiedenen genetischen Einheiten ansetzen würde. Vgl. Addendum in: OE S. 308–312.

8 Eine Dokumentation dieser Diskussionen aus der Perspektive des kritischen Rationalismus findet sich in: Radnitzky & Bartley (Hg.): *Evolutionary Epistemology etc.*, a.a.O. Part. I.

9 Bzw. den Psychologismus. Das ist die Auffassung von M.A. Notturno: *Objectivity, Rationality and the Third Realm: Justification and the Grounds of Psychologism. A Study of Frege and Popper*, Dordrecht/Boston/Lancaster 1985.

10 Popper zitiert: „Ich verstehe unter Gedanken nicht das subjektive Tun des Denkens, sondern dessen objektiven Inhalt (...)" aus Freges Aufsatz: „Über Sinn und Bedeutung" (1892), jetzt in: G. Frege: *Funktion, Begriff, Bedeutung* (hg. u. eingel. v. G. Patzig), Göttingen 1962. Vgl. auch „Der Gedanke. Eine logische Untersuchung" (1918), jetzt in: G. Frege: *Logische Untersuchungen* (hg. u. eingel. v. G. Patzig), Göttingen (2., erg. Aufl.) 1976, S. 30–53.

11 Vgl. H. Bernhard: „Was bedeutet Poppers Drei-Welten-Lehre?", in: *Zeitschrift für philosophische Forschung* 41 (1987), S. 99–117.

12 Vgl. G.W.F. Hegel, *Sämtliche Werke* (Ausg. Glockner), Bd. 10, „Der objektive Geist". – Kunst, Religion und Philosophie faßt Hegel unter dem Kap. „Der absolute Geist" zusammen. Popper würde hier nicht differenzieren, weil es ihm allein auf die Autonomie gegenüber mentalen Akten ankommt. – Für die Differenzen zu Hegel vgl. OE S. 142ff.

13 Popper spricht von „epistemologischem Expressionismus" und meint das durchaus im Anklang an den Expressionismus in der Kunst, nach dem das Produkt ein Ausdruck des Inneren ist. Das lehnt er ab. Bei der Objektivierung des Werks ist nach Popper die Welt-3 beteiligt, z.B. durch die Tradition, in der wir stehen. Vgl. OE 167ff.

14 Auf die Intuitionisten bezieht sich Popper, weil sie *nur konstruktive Schritte* in Beweisen und Existenzannahmen zulassen. Das paßt zu seinem Gedanken der Erzeugung von Welt-3-Objekten. Andererseits nehmen die Intuitionisten die „natürlichen" Zahlen als gegeben an. Bekannt ist Kroneckers Diktum: „Die natürlichen Zahlen sind von Gott gemacht, alles andere hat der Mensch gemacht". Popper behauptet, daß auch die ersteren menschliches Erzeugnis sind – allerdings sagt er uns nicht, wie wir uns die Erzeugung der natürlichen Zahlen denken sollen.

15 Die Beziehung zwischen Eccles und Popper reicht viel weiter zurück: 1945 lud Eccles, der gerade an die Universität von Otago, Neuseeland, gekommen war, Popper zu Vorträgen ein, in denen er seine Methodologie entwickeln sollte. Es war auch zunächst die Methodologie, durch die sich Eccles an Popper anschloß und die zu einer andauernden Kooperation führte. Siehe den sehr persönlichen Bericht von Eccles „My Living Dialog with Popper" in: P. Levinson (Hg.): *In Pursuit of Truth*, a.a.O. S. 221–236, sowie seinen Beitrag „The World of Objective Knowledge" im Schilpp-Band für Popper, S. 349–370.

16 Eccles spricht betont vom Hirn als „neuronaler Maschinerie": „Dieser Begriff ist mit Bedacht gewählt, um die wissenschaftliche Annahme zum Ausdruck zu bringen, daß das Gehirn als Maschine funktioniert". (I&G 282) Freilich ist diese Maschine von „fast grenzenloser Komplexität und Feinheit".

17 Vgl. O. Creutzfeld, *Gehirn und Geist* (Bursfelder Universitätsreden), Göttingen 1986.

18 Poppers Auffassung von Sprache ist eng an der seines Lehrers Karl Bühler orientiert. Bühler unterscheidet drei Funktionen, wobei jeweils die frühere die Basis der späteren liefert: (1) die Ausdrucks-Funktion, (2) die Signal-Funktion, (3) die Beschreibungs-Funktion. Die ersten beiden kann es auch auf tierischer Ebene geben (z.B. bei Bienen). Die dritte Ebene bzw. Funktion schließt den Gebrauch der Prädikate wahr und falsch ein. Popper fügt dem eine vierte Funktion hinzu, die er die *argumentative Funktion* nennt; sie schließt die Unterscheidung von korrekten und inkorrekten Argumentformen ein. An dieser vierten Funktion hängt primär die Auffassung von Sprache als Welt-3-Objekt. Vgl. I&G S. 86f.

19 Jedoch ist es erstaunlich, in wie hohem Maß im Falle von Verletzungen im Gehirn, insbesondere nach Durchtrennung des corpus callosum, das die beiden Hirnhälften verbindet, es zu neuen Spezialisierungen kommen kann, so daß eine mehr integrative Auffassung von der Hirntätigkeit angebracht erscheint.

20 Diese Vorstellung hat viel Kritik auf sich gezogen. Vgl. dazu R. Puccetti, „Popper and the Mind-Body Problem", in: Currie & Musgrave (Hg.), a.a.O. S. 45–54.

21 Puccetti skizziert in der angegebenen Arbeit einige Richtungen neurologischer Arbeit, in der es zu Falsifikationen des Interaktionismus kommen könnte; insofern ist mit dem Ansatz von Popper/Eccles auch ein genuin wissenschaftliches Interesse verbunden.

V. Zur Wirkungsgeschichte von Poppers Ideen

1 Informativ ist die sehr umfangreiche, noch immer nicht abgeschlossene Rezension dieses Werks: W. W. Bartley: „The Philosophy of Karl Popper", Part I, in: *Philosphia* 6 (1976), S. 463–494; Part II in: *Philosophia* 7 (1977), S. 675–716; Part III in: *Philosophia* 11 (1982), S. 121–221.

2 Eine entschieden überzogene und sachlich wie historisch nicht haltbare Darstellung dieses Zusammenhangs gibt D. C. Stove: *Popper and After: Four Modern Irrationalists,* 1982 – auch wenn seine essayistische Kurzfassung „Karl Popper & the Jazz Age", in: *Encounter* LXV (1986), S. 65–74, eine vergnügliche Lektüre bietet.

3 Vgl. R. Ackermann: *The Philosophy of Karl Popper,* a.a.O., S. 105–128; sowie A. Michalos: *The Popper-Carnap Controversy,* Den Haag 1971.

4 So vorzügliche Darstellungen der Philosophie Poppers wie die von R. Ackermann, Johannsson, O'Hear, Jarvie erwähnen den Positivismusstreit entweder gar nicht oder nur beiläufig. In dem repräsentativen Schilpp-Werk kommt er nicht vor.

5 Die Abhandlungen erschienen in: I. Lakatos & A. Musgrave (Hg.), *Criticism and the Growth of Knowledge,* Cambridge 1970 (dtsch.: *Kritik und Erkenntnisfortschritt,* Braunschweig 1974).

6 Kuhns Beitrag war für den Schilpp-Band geschrieben, erschien jedoch zuerst als Beitrag zu dem erwähnten Symposium.

7 Vgl. W. Diederich (Hg.): *Theorien der Wissenschaftsgeschichte,* Frankfurt/M. 1974.

8 Die Berichte der „Kronberg-Tagung" sind in zwei Bänden erschienen: G. Radnitzky & G. Anderson (Hg.): *Fortschritt und Rationalität der Wissenschaft,* Tübingen 1980, und: G. Radnitzky & G. Anderson (Hg.): *Voraussetzungen und Grenzen der Wissenschaft,* Tübingen 1981 (engl. Ausgaben erschienen zuvor als Bd. 58 u. 59 der *Boston Studies in the Philosophy of Science).*

9 K. R. Popper & K. Lorenz: *Die Zukunft ist offen,* München 1985.

10 in: P. Levinson (Hg.): *In Pursuit of Truth* a.a.O. S. 203–220.

11 Vgl. G. Lührs, T. Sarrazin, F. Spreer u. M. Tietzel (Hg.): *Kritischer Rationalismus und Sozialdemokratie,* 2 Bde., Berlin/Bonn 1975 (Bd. I) u. 1976 (Bd. II).

12 Vgl. H. Spinner: *Popper und die Politik,* a.a.O.

2. Literaturverzeichnis

I. Ausgewählte Schriften

Bibliographien der Schriften Poppers finden sich in: Schilpp (Hg.), (1974), Bd. II, S. 1202–1287, und in: *Ausgangspunkte,* S. 335–346. – Hier sind nur die wichtigsten Schriften (so weit vorhanden, die deutschen Übersetzungen) angeführt.

Logik der Forschung, Wien 1934 (mit der Jahreszahl 1935) [vermehrte und verbesserte Auflagen, Tübingen 1966 u. ö.]

„Indeterminism in Quantum Physics and in Classical Physics", in: The British Journal for the Philosophy of Science, I, (1950), S. 117–133 und S. 173–195

„The Propensity Interpretation of the Calculus of Probability, and the Quantum Theory", in: S. Körner (Hg.), Observation and Interpretation, London 1957, S. 65–70

Die offene Gesellschaft und ihre Feinde, Bd. I, Der Zauber Platons, Bern 1957; Bd. II, Falsche Propheten: Hegel, Marx und die Folgen, Bern 1958 [engl. 1945]

The Logic of Scientific Discovery, London 1959

„Philosophy and Physics" in: Atti del XII Congresso Internazionale di Filosofia, 2, Florenz 1961, S. 367–374

„Selbstbefreiung durch das Wissen", in: Reinisch, L. (Hg.), Der Sinn der Geschichte, München 1961, S. 100–116

Conjectures and Refutations: The Growth of Scientific Knowledge, London 1963

Das Elend des Historizismus, Tübingen 1965 [engl. 1944/45]

„Die Logik der Sozialwissenschaften" in: Adorno, Albert, Dahrendorf, Habermas, Pilot, Popper, Der Positivismusstreit in der deutschen Soziologie, Neuwied 1969, S. 103–123

Objektive Erkenntnis: Ein evolutionärer Entwurf, Hamburg 1973 [engl. 1972]

„Replies to My Critics" in: Schilpp, P. A. (Hg.), The Philosophy of Karl Popper, Bd. 2, La Salle 1974, S. 961–1197

„The Rationality of Scientific Revolutions", in: Harre, R. (Hg.), Problems of Scientific Revolutions, Oxford 1975, S. 72–101

„Die moralische Verantwortlichkeit des Wissenschaftlers", in: Eichner und Habermehl (Hg.), Probleme der Erklärung des sozialen Verhaltens, Meisenheim 1977, S. 298–304

Die beiden Grundprobleme der Erkenntnistheorie (Hg. T. E. Hanssen), Tübingen 1979

Ausgangspunkte: Meine intellektuelle Entwicklung, Hamburg 1979
Das Ich und sein Gehirn (gemeinsam mit J. C. Eccles), München, Zürich 1982 [engl. 1977]
Postscript to the Logic of Scientific Discovery (Hg. W. W. Bartley), 3 Bde., London 1983; Bd. 1 Realism and the Aim of Science; Bd. 2 The Open Universe: An Argument for Indeterminism; Bd. 3 Quantum Theory and the Schism in Physics
Auf der Suche nach einer besseren Welt: Vorträge und Aufsätze aus dreißig Jahren, München 1984
Die Zukunft ist offen (gemeinsam mit Konrad Lorenz), München 1985

II. Sammelbände

Agassi, J. and Jarvie, I. Ch. (Hg.), Rationality: The Critical View, Dordrecht 1987
Bartley, W. W. and Radnitzky, G. (Hg.), Evolutionary Epistemology, Rationality, and Sociology of Knowledge, La Salle, Ill. 1987
Bunge, M. (Hg.), The Critical Approach to Science and Philosophy: Essays in Honor of Karl Popper, London 1964
Levinson, P. (Hg.), In Pursuit of Truth: Essays on the Philosophy of Karl Popper on the Occasion of His 80th Birthday, Atlantic Highlands, NJ, 1982
Lührs, G., Sarrazin, T., Spreer, F. und Tietzel, M. (Hg.), Kritischer Rationalismus und Sozialdemokratie, Berlin 1975
Radnitzky, G. und Anderson, G. (Hg.), Fortschritt und Rationalität der Wissenschaft, Tübingen 1980
Radnitzky, G. und Anderson, G. (Hg.), Voraussetzungen und Grenzen der Wissenschaft, Tübingen 1981
Salamun, K. (Hg.), Karl R. Popper und die Philosophie des Kritischen Rationalismus, Amsterdam 1989
Salamun, K. (Hg.), Moral und Politik aus der Sicht des Kritischen Rationalismus, Amsterdam 1991
Schilpp, P. A. (Hg.), The Philosophy of Karl Popper, 2 Bde., La Salle, Ill., 1974

III. Allgemeine Darstellungen

Ackermann, R. J., The Philosophy of Karl Popper, Amherst 1976
Bartley, W. W., „The Philosophy of Karl Popper“, Part I in: Philosophia 6 (1976), S. 463–494; Part II in: Philosophia 7 (1977), S. 675–716; Part III in: Philosophia 11 (1982) S. 121–221
Döring, E., Karl R. Popper, Hamburg 1987
Magee, B., Karl R. Popper, Tübingen 1986
O'Hear, A., Karl Popper, London 1980
Williams, D. E., Truth, Hope and Power: The Thought of Karl Popper, Toronto 1989

IV. Ausgewählte Abhandlungen

Agassi, J., Science in Flux, Dordrecht 1967

Agassi, J., Science and Society, Dordrecht 1981

Albert, H., Traktat über kritische Vernunft, Tübingen 1968

Albert, H., Traktat über rationale Praxis, Tübingen 1978

Albert, H., „Realität und Wahrheit. Zu Herbert Keuths Kritik am kritischen Rationalismus" in: Zeitschrift für philosophische Forschung 33 (1979), S. 567–587

Albert, H., „Critical Rationalism: The Problem of Method in Social Sciences and Law", in: Ratio Juris 1 (1988), S. 1–19

Albert, H., „Der Mythos des Rahmens am Pranger: Anderssons Antwort auf die wissenschaftsgeschichtliche Herausforderung", in: Zeitschrift für Philosophische Forschung 44 (1990), S. 85–97

Albrecht, R., Sozialtechnologie und ganzheitliche Sozialphilosophie, Bonn 1973

Alexander, H. A., „Power and Decision making in Education: A Popperian Analysis", in: Philosophy of Education: Proceedings 42 (1986), S. 137–147

Baigrie, B., „Popper and Progress: A Reply to Campbell", in: Social Epistemology 3 (1989), S. 65–69

Bambrough, R. (Hg.), Plato, Popper, and Politics, Cambridge 1967

Bartley, W. W., Flucht ins Engagement, München 1964

Bartley, W. W., „Theories of Demarcation between Science and Metaphysics", in: Lakatos, I. und Musgrave, A. (Hg.), Problems in the Philosophy of Science, Amsterdam 1968, S. 40–64

Berkson, W. und Wettersten, J., Lernen aus dem Irrtum: Die Bedeutung von Karl Poppers Lerntheorie für die Psychologie und die Philosophie der Wissenschaft, Hamburg 1982

Berkson, W., „Testability in the Social Sciences", in: Philosophy of the Social Sciences 19 (1989), S. 157–171

Bernhard, H., „Was bedeutet Poppers Drei-Welten-Lehre?" in: Zeitschrift für philosophische Forschung 41 (1987), S. 99–117

Campbell, D., „The Author Responds: Popper and Selection Theory", in: Social Epistemology 2 (1988), S. 371–377

Chalmers, A. F., Wege der Wissenschaft (Hg. u. Übers. Bergemann und Prümper), Berlin und Heidelberg 1986

Cohen, L. J., „What has Science to do with Truth?" in: Synthese 45 (1980), S. 489–510

Cohen, Y., „Ravens and Relevance", in: Erkenntnis 26 (1987), S. 153–179

Cornforth, M., The Open Philosophy and the Open Society: A Reply to Dr. Karl Popper's Refutations of Marxism, London 1968

Creutzfeld, O., „Gehirn und Geist" (Bursfelder Universitätsreden), Göttingen 1986

De Oliveira, M. B., „Against Demarcation", in: Journal of Non-Classical Logic 5 (1988), S. 21–48

Dinis, A., „Popper on Metaphysics and Induction", in: Epistemologia 10 (1987), S. 285–301
Dombrowski, D. A., „Rorty and Popper on the Footnotes to Plato", in: Dialogos 22 (1987), S. 135–145
Fernandes, S., Foundations of Objective Knowledge: The Relations of Popper's Theory of Knowledge to that of Kant, Dordrecht 1985
Feyerabend, P. K., „Explanation, Reduction, and Empiricism", in: Feigl, H. und Maxwell, G. (Hg.), Minnesota Studies in the Philosophy of Science, Vol. III (1962), S. 28–97
Flew, A., „Popper and Historicist Necessities", in: Philosophy 65 (1990), S. 53–64
Grünbaum, A., „Is the Method of Bold Conjectures and Attempted Refutations „Justifiably" the Method of Science", in: The British Journal for the Philosophy of Science 27 (1976), S. 105–136
Grünbaum, A., „Is Falsifiability the Touchstone of Scientific Rationality? Karl Popper Versus Inductivism", in: Cohen, R. S. et al. (Hg.), Essays in Memory of Imre Lakatos, Dordrecht 1976, S. 213–252
Grünbaum, A., „The Degeneration of Popper's Theory of Demarcation", in: Epistemologia 12 (1989), S. 235–260
Habermehl, W., „Neuere Einwände gegen die Theorie der Falsifikation", in: Eichner, K. und Habermehl, W. (Hg.), Probleme der Erklärung sozialen Verhaltens, Meisenheim/Glan 1977, S. 5–33
Harris, J., „Popper's Definitions of ‚Verisimilitude'", in: The British Journal for the Philosophy of Science 25 (1974), S. 160–166
Hempel, C. G., „Empirical Statements and Falsifiability", in: Philosophy 33 (1958), S. 342–348
Hilpinen, R., „Approximate Truth and Truthlikeness", in: Przelecki, M. (Hg.), Formal Methods in the Methodology of Empirical Science, Dordrecht 1976, S. 19–42
Howson, C., „On a Recent Objection to Popper and Miller's ‚Disproof' of Probabilistic Induction", in: Philosophy of Science 56 (1989), S. 675–680
Howson, C., „On the Consistency of Jeffrey's Simplicity Postulate", in: Philosophical Quarterly 38 (1988), S. 68–83
Howson, C., „Popper, Prior Probabilities, and Inductive Inference", in: British Journal for the Philosophy of Science 38 (1987), S. 207–224
Howson, C., „Some Further Reflections on the Popper-Miller ‚Disproof' of Probabilistic Induction", in: Australasien Journal of Philosophy 68 (1990), S. 221–228
Hülsman, H., Die Anonymität von Dialektik im Reden über Dialektik. Zur Philosophie K. Poppers, Kronberg/Ts. 1975
Irzik, G., „Popper's Piecemeal Engineering: What is Good for Science is not Always Good for Society", in: The British Journal for the Philosophy of Science 36 (1985), S. 1–10
Jarvie, J. C., Die Logik der Gesellschaft. Über den Zusammenhang von Denken und sozialem Wandel, München 1974

Johansson, I., A Critique of Karl Popper's Methodology, Stockholm 1975
Jones, G. E., „Popper and Theory Appraisal", in: Studies in History and Philosophy of Science 9 (1978), S. 238–249
Juhos, B., „Die methodologische Symmetrie zwischen Verifikation und Falsifikation", in: Zeitschrift für allgemeine Wissenschaftstheorie 1 (1970), S. 41–70
Keuth, H., „Methodologische Regeln des kritischen Realismus", in: Zeitschrift für allgemeine Wissenschaftstheorie 9 (1978), S. 236–255
Keuth, H., Realität und Wahrheit. Zur Kritik des kritischen Rationalismus, Tübingen 1978
Keuth, H., „Realismus und Wahrheit. Zu Hans Alberts Verteidigung des kritischen Realismus", in: Zeitschrift für philosophische Forschung 36 (1982), S. 409–417
Kirk, G. S., „Popper on Science and the Presocratics", in: Mind 69 (1960), S. 318–339
Koertge, N., „Popper's Metaphysical Research Program for the Human Sciences", in: Inquiry 18 (1975), S. 437–462
Koertge, N., „Braucht die Sozialwissenschaft wirklich Metaphysik?", in: Albert, H. und Stapf, K. H. (Hg.), Theorie und Erfahrung, Stuttgart 1979, S. 55–81
Kuhn, T. S., Die Struktur wissenschaftlicher Revolutionen, Frankfurt/M. 1967 (Orig. 1962)
Lakatos, I., „Popper zum Abgrenzungs- und Induktionsproblem", in: Lenk, H. (Hg.), Neue Aspekte der Wissenschaftstheorie, Braunschweig 1971, S. 75–110
Lakatos, I., „Falsifikation und die Methodologie wissenschaftlicher Forschungsprogramme", in: Lakatos, I. und Musgrave, A. (Hg.), Erkenntniskritik und Erkenntnisfortschritt, Braunschweig 1974, S. 89–189
Langsdorf, L. and Reeder, H., „Phenomenological Exploration of Popper's World 3", in: The Horizons of Continental Philosophy, Silverman, H. J. and others (eds.), Dordrecht 1988, S. 93–129
Ley, H., „Karl R. Poppers Historizismus und erkenntnistheoretischer Mechanizismus", in: Deutsche Zeitschrift für Philosophie 16 (1968), S. 848–859
Lindahl, L., „Preference derived from Urgency", in: Acta Philosophica Fennica 38 (1985), S. 91–109
Magee, B., Philosophy and the Real World: An Introduction to Karl Popper, La Salle 1985
Maxwell, N., „A Critique of Popper's View on Scientific Method", in: Philosophy of Science 39 (1972), S. 131–152
Miller, D., „On the Comparison of False Theories by their Bases", in: The British Journal for the Philosophy of Science 25 (1974), S. 178–188
Miller, D., „Popper's Qualitative Theory of Verisimilitude", in: The British Journal for the Philosophy of Science 25 (1974), S. 166–177

Miller, D., „Bayesian Personalism, Falsificationism, and the Problem of Induction", in: Aristotelian Society, Suppl. Vol. 55 (1981), S. 127–141
Mukherjee, N., „Three Accounts of Paradigm Shift", in: Journal of Indian Council of Philosophical Research 7 (1990), S. 41–69
Mura, A., „When Probabilistic Support is Inductive", in: Philosophy of Science 57 (1990), S. 278–289
Musgrave, A., „Falsification and its Critics", in: Suppes, P., et al. (Hg.), Logic, Methodology and Philosophy of Science, Vol. IV., Amsterdam, London, New York 1973, S. 393–406
Musgrave, A., „Erfahrung und wissenschaftlicher Fortschritt", in: Albert, H. und Stapf, K. H. (Hg.), Theorie und Erfahrung, Stuttgart 1979, S. 21–53
Nickles, Th., „Discovery Logics", in: Philosophica 45 (1990), S. 7–32
Niiniluoto, I., „Truthlikeness: Comments on Recent Discussion", in: Synthese 38 (1978), S. 281–329
Niiniluoto, I., „Verisimilitude: Theory-Change and Scientific Progress", in: Niiniluoto, I. und Tuomela, R. (Hg.), The Logic and Epistemology of Scientific Change, Dordrecht 1979, S. 243–264
Niiniluoto, I., „What Shall we Do with Verisimilitude?", in: Philosophy of Science 49 (1982), S. 181–197
Niiniluoto, I., „Notes on Popper as Follower of Whewell and Peirce", in: Niiniluoto, I., Is Science Progressive? Dordrecht, Boston, Lancaster 1984, S. 18–60
Niiniluoto, I., „Corroboration, Versimilitude, and the Success of Science", in: Gavroglu, K. (ed.), Imre Lakatos and Theories of Scientific Change, Norwell 1989
Niiniluoto, I., „Measuring the Success of Science", in: Proceedings of the Biennial Meetings of the Philosophy of Science, Association 1 (1990), S. 435–445
Nola, R., „The Status of Popper's Theory of Scientific Method", in: British Journal for the Philosophy of Science 38 (1987), S. 441–480
Oetjens, H., Sprache, Logik, Wirklichkeit: Der Zusammenhang von Theorie und Erfahrung in K. R. Poppers „Logik der Forschung", Stuttgart 1975
Oddie, G., „The Poverty of the Popperian Program for Truthlikeness", in: Philosophy of Science 53 (1986), S. 163–178
Parusnikova, Z., „Methodological Controversy: ‚Kuhn-Popper', (in Czechoslovakian) in: Filozof Cas 36 (1988), S. 272–284
Platnick, N. I. and Rosen, D. E., „Popper and Evolutionary Novelties", in: History and Philosophy of Life Sciences 9 (1987), S. 5–16
Pähler, K., Qualitätsmerkmale wissenschaftlicher Theorien. Zur Logik und Ökonomie der Forschung, Tübingen 1986
Radnitzky, G., „Popperian Philosophy of Science as an Antidote Against Relativism" in: Cohen, R. S., et al. (Hg.), Essays in Memory of Imre Lakatos, Dordrecht 1976, S. 505–546
Radnitzky, G., „Analytic Philosophy as the Confrontation between Witt-

gensteinians and Popper“, in: Agassi, J. und Cohen, R. S. (Hg.), Scientific Philosophy Today, Dordrecht 1981, S. 239–286
Ram Raju, A. R. and Shaida S. A., „Popper's ‚Closed Society‘ Reconsidered“, in: Indian Philosophical Quarterly 14 (1987), S. 431–446
Rapp, F., „The Methodological Symmetry between Verification and Falsification“, in: Zeitschrift für allgemeine Wissenschaftstheorie 6 (1975), S. 139–144
Rivadulla, A., „Kritischer Realismus und Induktionsproblem“, in: Erkenntnis 26 (1987), S. 181–193
Rodríguez, A. R., „On Popper-Miller's Proof of the Impossibility of Inductive Probability“, in: Erkenntnis 27 (1987), S. 353–357
Rodríguez, V., „The Method of ‚Grounded Theory‘ in the Age-Old Debate about Induction“, in: Epistemologie 11 (1988), S. 211–234
Ruelland, J. G., De L'épistémologie á la politique: La philosophie de l'histoire de Karl Popper, Paris 1991
Ruse, M., „Karl Popper's Philosophy of Biology“, in: Philosophy of Science 44 (1977), S. 638–661
Schäfer, L., „Über die Diskrepanz zwischen Methodologie und Metaphysik bei Popper“, in: Studium Generale 23 (1970), S. 856–877
Schäfer, L., Erfahrung und Konvention: Zum Theoriebegriff der empirischen Wissenschaften, Stuttgart 1974
Schmid, M., „The Idea of Rationality and its Relationship to Social Science: Comments on Popper's Philosophy of the Social Sciences“, in: Inquiry 31 (1988), S. 451–469
Schupp, F., Poppers Methodologie der Geschichtswissenschaft, Bonn 1975
Shaw, D., „Popper, Natural Selection and Epiphenomenalism“, in: Hahlweg, K. and Hooker, C. A. (eds.), Issues to Evolutionary Epistemology, Albany 1989
Spinner, H., Pluralismus als Erkenntnismodell: Studien zum Popperschen Erkenntnis- und Gesellschaftsmodell, Frankfurt/M. 1974
Spinner, H. F., Ist der kritische Rationalismus am Ende?, Weinheim und Basel 1982
Spinner, H. F., Popper und die Politik, Bd. I, Geschlossenheitsprobleme, Berlin und Bonn 1978
Steinvorth, U., „Determinismus und Utopie“, in: Philosophische Rundschau 24 (1977), S. 273–289
Stokes, G., „From Physics to Biology: Rationality in Popper's Conception“, in Hahlweg, K. and Hooker, C. A. (eds.), Issues to Evolutionary Epistemology, Albany 1989
Ströker, E., „Konventionalistische Argumente in Poppers Wissenschaftsphilosophie“, in: Erkenntnis 21 (1984), S. 385–403
Ströker, E., „Über Poppers Kriterien des Wissenschaftsfortschritts“, in: Erkenntnis 27 (1987), S. 93–112
Suchting, W. A., „Marx, Popper, and ‚Historicism‘“, in: Inquiry 15 (1972), S. 235–266

Susser, B., „The Sociology of Knowledge and its Enemies", in: Inquiry 32 (1989), S. 245–260

Tichy, P., „Verisimilitude Revisited", in: Synthese 38 (1978), S. 175–196

Urbach, P., „Is any of Popper's Arguments against Historicism Valid?", in: The British Journal for the Philosophy of Science 29 (1978), S. 117–130

Watkins, J. W. N., „Confirmable and Influential Metaphysics", in: Mind 67 (1958), S. 344–365

Watkins, J. W. N., „Karl Raimund Popper – Die Einheit seines Denkens", in: Speck, J. (Hg.), Grundprobleme der großen Philosophen: Philosophie der Gegenwart I, Göttingen 1972, S. 151–214

Watkins, J. W. N., „A Note on Incongruent Counter Parts and Verisimilitude", in: Erkenntnis 26 (1987), S. 295–300

Watkins, J. W. N., „The Nature of Scientific Theoryhood", in: Philosophia Naturalis 25 (1988), S. 241–253

Wellmer, A., Methodologie als Erkenntnistheorie: Zur Wissenschaftslehre Karl R. Poppers, Frankfurt/M. 1967

Wisdom, J. O., „Refutation by Observation and Refutation by Theory", in: Lakatos, I. und Musgrave, A. (Hg.), Problems in the Philosophy of Science, Amsterdam 1968, S. 65–67

Wittrock, B., „Falsification, Rejection, and Modification", in: Zeitschrift für allgemeine Wissenschaftstheorie 8 (1977), S. 379–382

Yulina, N. S., „On Popper's Implicit Hegelianism", in: Philosophia Naturalis 21 (1984), S. 652–661

Zahar, E., „Logic of Discovery or Psychology of Invention?" in: The British Journal for the Philosophy of Science 34 (1983), S. 234–261

3. Zeittafel

600–400 v. Chr.	Vorsokratische Aufklärungsphilosophie und Kosmologie
399 v. Chr.	Verurteilung des Sokrates
1687	I. Newton, *Philosophiae naturalis principia mathematica*
1781	I. Kant, *Kritik der reinen Vernunft*
1789	Französische Revolution
1859	J. St. Mill, *On Liberty*
1902	am 28. Juli wird Karl Raimund Popper in Wien geboren
1916	A. Einstein, *Die Grundlagen der allgemeinen Relativitätstheorie*
1918	Zusammenbruch der Österreichisch-Ungarischen Monarchie
1919	Die von Einstein prognostizierte Lichtablenkung im Gravitationsfeld der Sonne wird durch Eddington bestätigt
1922–24	Schreinerlehre, Sozialarbeiter
1924–29	Studium an der Universität und am Pädagogischen Institut

1928	Promotion zum Dr. phil. in Psychologie bei Karl Bühler, *Zur Methodenfrage der Denkpsychologie*
1929	Staatsexamen
1930–37	Realschullehrer; Kontakte mit Mitgliedern des „Wiener Kreises"
1930–32	Manuskript *Die beiden Grundprobleme der Erkenntnistheorie* (ersch. 1979)
1934	*Logik der Forschung*
1934–35	A. Tarski, *Der Wahrheitsbegriff in den formalisierten Sprachen*
1937	Emigration nach Neuseeland, bis 1945 Lecturer am Canterbury University College in Christchurch; dort Ausarbeitung der Sozialphilosophie; Beginn der Zusammenarbeit mit J. Eccles
1938	Hitlers „Anschluß" Österreichs
1939	Hitler-Stalin-Pakt und Ausbruch des zweiten Weltkriegs
1944/45	*Das Elend des Historizismus*
1945	*Die offene Gesellschaft und ihre Feinde*
1946	Berufung an die London School of Economics
1950	William James Lectures an der Harvard University; Treffen mit Einstein in Princeton
1959	*The Logic of Scientific Discovery*
1961	Deutscher Soziologen-Tag in Tübingen: Zur Logik der Sozialwissenschaften („Positivismusstreit")
1962	T. S. Kuhn, *Struktur wissenschaftlicher Revolutionen*
1963	*Conjectures and Refutations*
1965	London-Konferenz: „Erkenntniskritik und Erkenntnisfortschritt"
1968	*Erkenntnistheorie ohne erkennendes Subjekt*
1972	*Objektive Erkenntnis: Ein evolutionärer Entwurf*
1974–77	Koproduktion mit J. Eccles von *Das Ich und sein Gehirn*
1974	P. A. Schilpp (Hg.), *The Philosophy of Karl Popper*
1983	*Postscript to the Logic of Scientific Discovery*
1984	*Auf der Suche nach einer besseren Welt*

4. Personenregister

5. *Sachregister*

Beck'sche Reihe „Denker"
Herausgegeben von Otfried Höffe

Adorno, von Rolf Wiggershaus (BsR 510)
Antike Skeptiker, von Friedo Ricken (BsR 526)
Aristoteles, von Otfried Höffe (BsR 535)
Augustinus, von Christoph Horn (BsR 531)
Bacon, von Wolfgang Krohn (BsR 509)
Berkeley, von Arend Kulenkampff (BsR 511)
Camus, von Annemarie Pieper (BsR 507)
Cassirer, von Andreas Graeser (BsR 527)
Epikur, von Malte Hossenfelder (BsR 520)
Fichte, von Peter Rohs (BsR 521)
Foucault, von Urs Marti (BsR 513)
Frege, von Verena Mayer (BsR 534)
Freud, von Alfred Schöpf (BsR 502)
Galilei, von Klaus Fischer (BsR 504)
Horkheimer, von Zvi Rosen (BsR 528)
Humboldt, W.v., von Tilman Borsche (BsR 519)
Hume, von Jens Kulenkampff (BsR 517)
Jaspers, von Kurt Salamun (BsR 508)
Kant, von Otfried Höffe (BsR 506)
Konfuzius, von Heiner Roetz (BsR 529)
Locke, von Rainer Specht (BsR 518)
Macchiavelli, von Wolfgang Kersting (BsR 515)
Marx, von Walter Euchner (BsR 505)
Newton, von Ivo Schneider (BsR 514)
Nietzsche, von Volker Gerhardt (BsR 522)
Ockham, von Jan P. Beckmann (BsR 533)
Peirce, von Klaus Oehler (BsR 523)
Piaget, von Thomas Kesselring (BsR 512)
Popper, von Lothar Schäfer (BsR 516)
Quine, von Henri Lauener (BsR 503)
Rawls, von Thomas W. Pogge (BsR 525)
Schelling, von H. M. Baumgartner/H. Korten (BsR 536)
Sokrates, von Günter Figal (BsR 530)
Wittgenstein, von Wilhelm Vossenkuhl (BsR 532)

Verlag C.H. Beck München